**Ergonomisch
und normgerecht konstruieren**

Torsten Merkel
Martin Schmauder

Ergonomisch und normgerecht konstruieren

1. Auflage 2012

Herausgeber:
DIN Deutsches Institut für Normung e.V.

Beuth Verlag GmbH · Berlin · Wien · Zürich

Herausgeber: DIN Deutsches Institut für Normung e. V.

© 2012 Beuth Verlag GmbH
Berlin · Wien · Zürich
Am DIN-Platz
Burggrafenstraße 6
10787 Berlin

Telefon: +49 30 2601-0
Telefax: +49 30 2601-1260
Internet: www.beuth.de
E-Mail: info@beuth.de

Das Werk einschließlich aller seiner Teile ist urheberrechtlich geschützt. Jede Verwertung außerhalb der Grenzen des Urheberrechts ist ohne schriftliche Zustimmung des Verlages unzulässig und strafbar. Das gilt insbesondere für Vervielfältigungen, Übersetzungen, Mikroverfilmungen und die Einspeicherung in elektronischen Systemen.

© für DIN-Normen DIN Deutsches Institut für Normung e. V., Berlin.

Die im Werk enthaltenen Inhalte wurden vom Verfasser und Verlag sorgfältig erarbeitet und geprüft. Eine Gewährleistung für die Richtigkeit des Inhalts wird gleichwohl nicht übernommen. Der Verlag haftet nur für Schäden, die auf Vorsatz oder grobe Fahrlässigkeit seitens des Verlages zurückzuführen sind. Im Übrigen ist die Haftung ausgeschlossen.

Titelbild: © Dmtry Kalinovsky,
Verwendung unter Lizenz von Shutterstock.com
Satz: Sabine Wasser
Druck: schöne drucksachen GmbH, Berlin
Gedruckt auf säurefreiem, alterungsbeständigem Papier nach DIN EN ISO 9706

ISBN 978-3-410-20799-3

Vorwort

Ergonomie ist die Wissenschaft von der Anpassung der Technik an den Menschen. Es geht darum, die Belastung des Menschen durch eine adäquate Technikgestaltung so ausgewogen wie möglich zu gestalten. Ergonomisch gestaltete Arbeitsmittel wie Maschinen, Vorrichtungen und Geräte ermöglichen damit eine wirtschaftliche Arbeit bei gleichzeitig hoher Akzeptanz seitens der Benutzer. Mit dem vorliegenden Werk sollen vorzugsweise Konstrukteure und Entwickler Hinweise erhalten, wie ergonomische Grundsätze bereits in einem frühen Stadium der Konstruktion in den Gestaltungsprozess einfließen können. Neben der maßlichen Gestaltung, der Mensch-Maschine-Interaktion und der Betrachtung der Emissionen wird auch behandelt, wie Benutzerakzeptanz und Usability in den Gestaltungsprozess mit einbezogen werden können. In unserem Wirtschaftsraum dürfen nur entsprechend der Maschinenrichtlinie sichere Maschinen in Verkehr gebracht werden, bei denen die Prinzipien der Ergonomie umgesetzt wurden. Zu Beginn des Buches wird deshalb die Einordnung der Ergonomie in die Rechts- und Normenwelt behandelt. Entsprechende Querverweise wurden daher am Ende der jeweiligen Themenkomplexe zusammengetragen.

Grundlage des Werkes ist eine von den Verfassern bearbeitete Studie zur Integration von Ergonomiewissen in die Ausbildung von Konstrukteuren der KAN-Kommission Arbeitsschutz und Normung (www.kan.de). Die Projektergebnisse sind unter http://ergonomielernen.kan.de verfügbar und ergänzen die Ausführungen in diesem Buch.

An dieser Stelle ergeht deshalb ein herzlicher Dank an die KAN, die durch ihre Förderung das Entstehen des Werkes ermöglicht hat.

Grundlage des Werkes ist eine von den Verfassern bearbeitete Studie zur Integration von Ergonomiewissen in die Ausbildung von Konstrukteuren der KAN Kommission Arbeitsschutz und Normung (www.kan.de). Die Projektergebnisse sind unter http://ergonomielernen.kan.de kostenlos verfügbar und ergänzen die Ausführungen in diesem Buch.

Ein herzlicher Dank ergeht auch an Frau Dr.-Ing. Katrin Höhn, Frau Dr.-Ing. Christiane Kamusella, Frau Dipl.-Ing. Silke Paritschkow und Herrn Dipl.-Ing. Horst Böhmer, die mit großem Engagement die Fachinhalte aufgearbeitet und aktualisiert sowie umfassendes Bildmaterial erstellt haben. Ohne ihre tatkräftige Mitwirkung wäre es den Verfassern nicht möglich gewesen, das Werk in der gewählten Form zu erstellen.

Ein Dank ergeht auch an Frau Dipl.-Ing. Kathrin Bandow vom Beuth Verlag, die den Autoren Mut gemacht hat, das Buch in Angriff zu nehmen, und die Erstellung fachkundig begleitet hat.

Für Hinweise zur Verbesserung des Werkes sind die Verfasser aufgeschlossen und hoffen auf eine rege Verbreitung in der Praxis.

Zwickau und Dresden im Juli 2011

Prof. Dr.-Ing. Torsten Merkel
Professur Arbeitswissenschaft
Westsächsische Hochschule Zwickau

Prof. Dr.-Ing. Martin Schmauder
Professur Arbeitswissenschaft
Technische Universität Dresden

Inhalt

		Seite
1	**Anliegen ergonomischen Gestaltens**	1
1.1	Ergonomie und Normung in der Konstruktion	3
1.2	Risikobeurteilung	17
1.3	Konformitätserklärung entsprechend Maschinenrichtlinie	22
1.4	Normen in der Ergonomie	23
1.5	Weiterführende Normen zur Ergonomie im Entwurfsprozess	26
1.6	Weiterführende Literatur zur Ergonomie im Entwurfsprozess	27
2	**Maßliche Gestaltung**	29
2.1	Abmessungen des menschlichen Körpers	30
2.2	Visuelle Daten	34
2.3	Funktionsmaße	41
2.3.1	Wirkraum und Greifraum des Hand-Arm-Systems	42
2.3.2	Wirkraum des Fuß-Bein-Systems	46
2.3.3	Körperfreiraum	46
2.3.4	Sicherheits-, Maximal- und Mindestabstände	48
2.3.5	Arbeitsplatztypen	50
2.4	Vorgehensweisen und Gestaltungsmethoden	54
2.5	Weiterführende Normen zur maßlichen Gestaltung	61
2.6	Weiterführende Literatur zur maßlichen Gestaltung	63
3	**Arbeitsumwelt**	65
3.1	Einführung in die Wirkung und Gestaltung von Arbeitsumweltfaktoren	65
3.2	Weiterführende Quellen zur Gestaltung der Arbeitsumweltbedingungen	69
3.3	Lärm und Vibrationen	70
3.3.1	Grundlagen	70
3.3.2	Gefährdung durch Lärm	73
3.3.3	Gefährdung durch mechanische Schwingungen (Vibrationen)	75
3.4	Weiterführende Normen zur Belastungsreduktion von Lärm und Vibrationen	80
3.5	Weiterführende Quellen zur Belastungsreduktion von Lärm und Vibrationen	81
3.6	Beleuchtung und Farbe	81
3.6.1	Grundsätze der Beleuchtung	81
3.6.2	Farbgestaltung	86

Seite

3.7	Weiterführende Normen zur Gestaltung von Beleuchtung und Farbe	89
3.8	Strahlung	90
3.8.1	Gefährdung durch Strahlung	90
3.9	Weiterführende Gesetze, Verordnungen und Normen zum Schutz vor Strahlung	92
3.10	Klimafaktoren	92
3.10.1	Arbeitsplatzklima	92
3.10.2	Wirkung kalter und heißer Medien	98
3.11	Weiterführende Richtlinien, Regeln und Normen zur Gestaltung von Klima und thermischen Umgebungsfaktoren	99
3.12	Gefahrstoffe	100
3.13	Weiterführende Gesetze, Verordnungen und Normen zur Vermeidung von Belastungen durch Gefahrstoffe	104

4	**Mensch-Maschine-Interaktion**	**107**
4.1	Stellteilauswahl und -gestaltung	107
4.2	Auswahl und Gestaltung von Anzeigen	119
4.3	Analog- und Digitalanzeigen	124
4.4	Psychische Belastung	129
4.5	Software-Ergonomie	133
4.6	Körperkräfte	138
4.7	Ermittlung zulässiger Körperkräfte	143
4.8	Weiterführende Normen zur Mensch-Maschine-Interaktion	145
4.9	Weiterführende Literatur zur Mensch-Maschine-Interaktion	147

5	**Usability**	**149**
6	**Gestaltungsbeispiel zur Berücksichtigung ergonomischer Gestaltungsanforderungen**	**153**
	Abbildungsverzeichnis	**165**

Anliegen ergonomischen Gestaltens 1

Ergonomie zählt nicht nur im Ergebnis der Harmonisierung europäischer Rechtsnormen, sondern auch durch die wachsenden technischen Möglichkeiten eines sich auf Komfort, Design und Ästhetik orientierenden Auswahlprozesses für Produkte zu einem wichtigen Element der Produktgestaltung. Darüber hinaus sichert Ergonomie eine intuitive, einfach erlernbare und sichere Bedienung, ermüdungsfreies Arbeiten und die Sicherheit der Nutzer eines Produktes.

Anforderungen zur ergonomischen und sicherheitsgerechten Gestaltung von Produkten lassen sich in hohem Maß aus der europäischen Maschinenrichtlinie 2006/42/EG ableiten. Deren Umsetzung erlaubt die Erstellung der gesetzlich vorgeschriebenen CE-Konformitätserklärung, welche auf der Berücksichtigung weiterer detaillierter Normen und Richtlinien basiert.

Für Entwickler, insbesondere die Konstrukteure von Maschinen und Anlagen, stellt die Beachtung von Anforderungen aus den einzelnen Rechtsvorschriften und Normenwerken eine besondere Herausforderung dar. Derartige Ansprüche werden durch die zunehmende Komplexität von Entwicklungsprozessen weiter verstärkt. So sind neben der Realisierung vom Kunden geforderter Parameter hinsichtlich Funktionalität und Kosten eine Vielzahl weiterer Faktoren, welche sich aus der zunehmenden Regulierung möglicher Gestaltungsspielräume in Form von Rechtsvorschriften, Patentfragen oder den zulässigen Grenzwerten einer Umweltbelastung ergeben, zu berücksichtigen.

Prinzipiell erfordert die beschriebene Situation eine interdisziplinäre Herangehensweise, welche bereits in der frühen Phase der Zielbeschreibung eines Entwicklungsprojektes beginnen sollte und sich begleitend bis zum Einführungsprozess fortsetzt. Aus unterschiedlichsten Gründen ist eine solche Arbeitsweise in vielen Fällen nicht realisierbar. Vor allem in Kleinbetrieben fehlen dem Entwickler fachliche Ansprechpartner, Recherchemöglichkeiten oder einfach die Zeit, um sich mit der komplexen Vielfalt von Einflussfaktoren einer Produktgestaltung bis in das letzte Detail auseinanderzusetzen.

Dieses Buch gibt eine Hilfestellung, mögliche Defizite des betrieblich verfügbaren Wissens über Ergonomie auszugleichen. Durch Vorstellung strukturierter Vorgehensweisen in Verbindung mit den entsprechenden fachlichen Nachschlagemöglichkeiten soll sich ergonomische Gestaltung zum integrativen Element des Entwurfsprozesses entwickeln.

Grundsätzliche Handlungsorientierung für ein methodisches Vorgehen bietet der ergonomische Gestaltungsprozess nach DIN EN 614:2009-06 „Sicherheit von Maschinen – Ergonomische Gestaltungsgrundsätze".

Die Auseinandersetzung mit dieser Norm stellt den Einstieg in die Problematik dar. Die weiteren Kapitel vermitteln Inhalte zur:

- Berücksichtigung physiologischer menschlicher Leistungsvoraussetzungen, wie Kräfte, Körpermaße und deren Auswirkung auf die Gestaltungsqualität,
- Wirkung von Arbeitsumweltfaktoren unter dem Aspekt der Belastungsreduktion und Leistungssteigerung,
- Anforderungen zur leistungsgerechten Gestaltung der Mensch-Maschine-Schnittstellen, wie Stellteile und Anzeigen.

Entsprechend dem Komplexitätsanspruch von Ergonomie werden im Folgenden die fachspezifischen Inhalte an ausgewählten Beispielen hinsichtlich ihrer möglichen Auswirkungen diskutiert. Dieser Bereich beschäftigt sich vorzugsweise mit der Vorstellung von Lösungsansätzen und deren Einflüsse auf die Produktnutzung. Betrachtungen zur „Usability", welche im Deutschen durch den Begriff Gebrauchstauglichkeit am besten beschrieben werden kann, ergänzen Fragestellungen zur ergonomischen Gestaltung. „Usability" orientiert sich an den Anforderungen und Bedürfnissen bestimmter Nutzergruppen, wie technikbegeisterte oder technikfeindliche, veränderungs- oder stabilitätsorientierte Nutzer, Pragmatiker, Ästheten usw.

Um die Berücksichtigung einzelner Schwerpunkte unmittelbar für den Entwicklungsprozess eines Produktes nutzbar zu machen, wird das Vorgehen themenbezogen in verschiedenen Ablaufdiagrammen zusammengefasst.

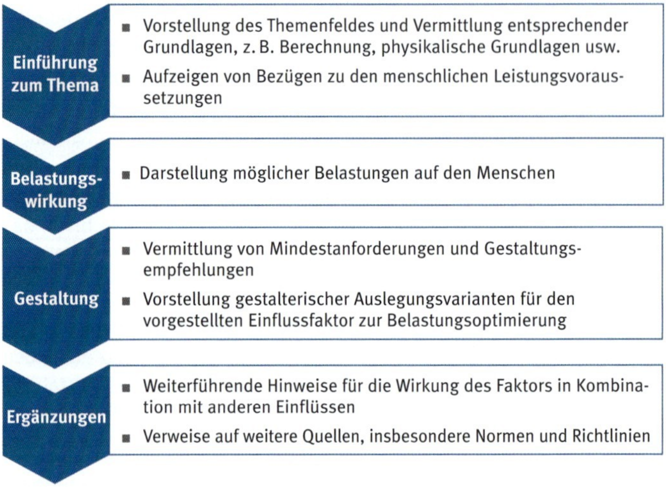

Einführung zum Thema	■ Vorstellung des Themenfeldes und Vermittlung entsprechender Grundlagen, z. B. Berechnung, physikalische Grundlagen usw. ■ Aufzeigen von Bezügen zu den menschlichen Leistungsvoraussetzungen
Belastungswirkung	■ Darstellung möglicher Belastungen auf den Menschen
Gestaltung	■ Vermittlung von Mindestanforderungen und Gestaltungsempfehlungen ■ Vorstellung gestalterischer Auslegungsvarianten für den vorgestellten Einflussfaktor zur Belastungsoptimierung
Ergänzungen	■ Weiterführende Hinweise für die Wirkung des Faktors in Kombination mit anderen Einflüssen ■ Verweise auf weitere Quellen, insbesondere Normen und Richtlinien

Abbildung 1: Inhaltliche Kapitelstruktur

Eine Ergänzung der grafischen Darstellung erfolgt durch weiterführende Erläuterungen. Einzelne thematische Schwerpunkte schließen mit dem Verweis auf die zu berücksichtigenden Normen und Richtlinien. Entsprechende Quellenverweise finden sich am jeweiligen Ende eines Themenkomplexes.

Zusammenfassend stellt die ergonomische Gestaltung einen wichtigen Baustein zur Sicherung der funktional-technischen Einheit und damit der Produktqualität dar, welcher auf Grund seiner Komplexität und des häufig unterschätzten Basiswissens in vielen Fällen nur ungenügende Berücksichtigung findet. Eine hohe Akzeptanz erzielen somit Produkte, die diesen Komplexitätsanspruch vom Beginn seiner Entwicklung an in vollem Umfang berücksichtigen und erfolgreich realisieren.

Da eine menschgerechte Gestaltung für die effiziente Nutzung eines technischen Gerätes, die Sicherheit seiner Nutzer, den nachhaltigen Einsatz und damit den wirtschaftlichen Erfolg prägenden Einfluss besitzt, muss Ergonomie integraler Bestandteil des Entwicklungsprozesses sein. Dieses Buch richtet sich deshalb unmittelbar an die Produktentwickler als die Gruppe, welche maßgeblichen Einfluss auf die ergonomische Güte einer technischen Lösung besitzt.

Ergonomie und Normung in der Konstruktion 1.1

Ergonomie ist die Lehre zur gezielten Gestaltung des Zusammenwirkens von Mensch und Technik. Sie umfasst die Gestaltung von Produkten, Produktdetails, von Arbeitsplätzen und komplexen Arbeitssystemen nach Kriterien, welche durch Eigenschaften bzw. Leistungsvoraussetzungen des Menschen bestimmt werden.

Nach DIN EN 614-1:2009-06 definiert sich **Ergonomie/Arbeitswissenschaft** als „*Wissenschaftliche Disziplin, die sich mit dem Verständnis der Wechselwirkungen zwischen menschlichen und anderen Elementen eines Systems befasst, und der Berufszweig, der Theorie, Prinzipien, Daten und Methoden auf die Gestaltung von Arbeitssystemen anwendet mit dem Ziel, das Wohlbefinden des Menschen und die Leistung des Gesamtsystems zu optimieren*"[1].

Ergonomie ist immer als komplexes Gestaltungsproblem zu betrachten, da Verbesserungen an einer Stelle an anderer Stelle Nachteile hervorrufen können.

---

1 Norm DIN EN 614-1:2009-06 „Sicherheit von Maschinen – Ergonomische Gestaltungsgrundsätze"; Abschnitt 3.3

Beispiel:

Um das Gewicht und die Größe eines mobilen Gerätes bei zunehmender Funktionsvielfalt in einem akzeptablen Maß zu erhalten, werden Tasten mehrfach belegt. Alternativ lassen sich mit Hilfe eines berührungsempfindlichen Displays diverse Menüstrukturen aufrufen. In der Folge ist das neu konzipierte Gerät zwar kleiner und leichter, gleichzeitig nehmen die Geschwindigkeit und Sicherheit der Bedienung ab. Entsprechende Ursachen liegen beispielsweise in der Miniaturisierung von Tasten, fehlender Rückkopplung bei der Verwendung von Touchscreens oder der Wahl mehrfach gegliederter Menüstrukturen. Darüber hinaus entstehen neue gestalterische Anforderungen, welche sich aus der Notwendigkeit eines sicheren Ablesens des Displays ergeben.

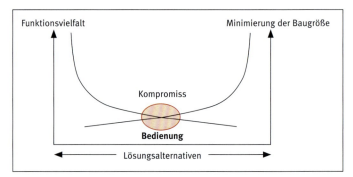

Abbildung 2: Gegenläufigkeit von Entwicklungszielen/-trends erfordern Innovationen oder führen zu einem Kompromiss bei der Nutzung

Ausgangspunkt ergonomisch orientierter Planungen ist das sogenannte Belastungs- und Beanspruchungsmodell nach ROHMERT[2], welches in Abbildung 3 entsprechend einer Aufbereitung für die DIN EN ISO 26800: 2011 dargestellt ist.

Innerhalb dieses Modells werden alle Belastungen, welche Anforderungen an den arbeitenden Menschen stellen, erfasst. Belastungen ergeben sich aus der übertragenen Arbeitsaufgabe, den Einflüssen der Arbeitsumgebung, der Arbeitsorganisation und der eingesetzten Technik. Belastungen sind für alle Menschen, die ein solches Arbeitssystem nutzen, gleich. Belastungen entstehen somit unmittelbar aus dem Produktentwicklungsprozess, wobei die technische Lösung nicht losgelöst von den Einsatzbedingungen und dem Nutzungsverhalten gesehen werden kann.

---

2 Rohmert, W.: Das Belastungs-Beanspruchungs-Konzept. Zeitschrift für Arbeitswiss. 38 (10 NF) 1984, 193–200

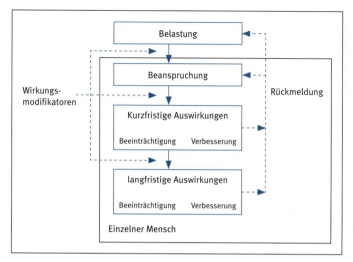

Abbildung 3: Belastungs- und Beanspruchungsmodell der Arbeitswissenschaft nach DIN EN ISO 26800:2011

Unter **Beanspruchung** versteht man die durch die individuellen Leistungsvoraussetzungen des Menschen geprägten Reaktionen auf die von außen einwirkenden Belastungen. In der Folge kann es zu positiven und negativen Beanspruchungsfolgen kommen. Positive Wirkungen sind beispielsweise das mit der wiederholten Nutzung verbundene Training beim Einsatz einer bestimmten Technologie. Im Gegensatz dazu führen Belastungen, wie das kurzzyklische und einseitige Wiederholen von Bedienhandlungen oder hohe Konzentrations- und Reaktionsanforderungen, zu negativen Beanspruchungsfolgen. Diese können sich in Form von temporären oder dauerhaften Leistungsverlusten, durch ein Absinken der Motivation oder beruflich bedingte Erkrankungen ausdrücken.

Der einzelne Mensch ist durch eine Summe **individueller Leistungsvoraussetzungen** geprägt. In ihrer Wirkung verknüpft die situative Wahrnehmung des Einzelnen den Wirkmechanismus von Belastung und Beanspruchung. Das Modell begründet kurz- bzw. langfristige Auswirkungen der Beanspruchung als Beeinträchtigung oder Verbesserung der Arbeitsleistung. Rückkopplungen aus dem Arbeitsprozess wirken auf die Leistungsbereitschaft und erzeugen eine zusätzliche Dynamik in der Wahrnehmung einer Belastung.

In der Folge bestimmen das Zusammenspiel dieser individuellen Leistungsvoraussetzungen, die tatsächliche Leistungsfähigkeit und die Wahrnehmung eine Belastung durch den Einzelnen.

Man unterscheidet unbeeinflussbare Eigenschaften, wie Körpermaße, Geschlecht oder Alter, und individuell beeinflussbare Eigenschaften, wie Qualifizierung, Trainingszustand oder Motivation. Nicht zu vergessen ist, dass eine Vielzahl menschlicher Eigenschaften von weiteren Einflüssen wie Tageszeit, persönlichem Umfeld, Eigenreflexion der Leistung usw. zusätzlich beeinflusst wird.

Leistungsvoraussetzungen werden durch die Wirkung der physiologischen und psychologischen Bedingungen auf die ausführende Person bestimmt. Auf Grund der Bandbreite menschlicher Leistungsvoraussetzungen müssen die Grenzbereiche und Mindestvoraussetzungen der fraglichen Nutzergruppe berücksichtigt werden. Auch wenn verschiedene Normen und statistisch abgesicherte Korridore zu menschlichen Leistungsvoraussetzungen existieren, ist jeder Mensch anders. Darüber hinaus ändern sich die Leistungsvoraussetzungen der Menschen durch demografische und gesellschaftliche Veränderungen permanent. So erreicht im Ergebnis einer empirischen Studie keine der beteiligten Personen den in der Norm angegeben Wert für maximale Handschließkräfte[3]. Als mögliche Ursache wurde festgestellt, dass es sich um relativ untrainierte Akademiker handelte. Allerdings dürfte sich diese Untrainiertheit in der Tendenz auf die Mehrheit der heutigen Bevölkerung übertragen lassen. An diesem Beispiel wird verdeutlicht, dass einerseits ein beständiger Entwicklungs- und Aktualisierungsbedarf für Normen besteht und anderseits stets auf den letzten, aktuellen Stand einer Norm zurückgegriffen werden muss.

Ein weiteres Beispiel für die Abweichung von Normwerten zu aktuellen Tendenzen sind die in der DIN EN 33402-2:2006 Beiblatt 1 aufgeführten Körpermaße des Menschen. So gibt die Norm zwar die Bereiche zu erwartender menschlicher Maße vor, allerdings treten hinsichtlich der Kombination menschlicher Maße, wie das Verhältnis von Beinlänge zur Länge des Oberkörpers bei gleicher Körpergröße, weitere individuelle Differenzen auf. So lässt sich eine Stuhl-Tisch-Kombination für eine bestimmte Körpergröße optimal auslegen, durch unterschiedliche Bein- bzw. Oberkörperlängen finden unterschiedliche Nutzer unter Umständen trotzdem keine ideale Arbeitsposition. Gerade in Bezug auf Körpermaße ist in aktuellen Studien eine Zunahme der Varianz festzustellen. Nicht nur die zu berücksichtigenden Körperhöhen weisen eine zunehmend größere Differenz auf, wesentlich extremer sind die Entwicklungen bezüglich der Unterschiede von Körperumfängen. Ein Problem, welches vorzugsweise in öffentlichen Transportmitteln wachsende Bedeutung erlangt.

---

3 Reihe DIN 33411 „Körperkräfte des Menschen"

Trotz der beschriebenen Abweichungen ist eine Anwendung der statistisch abgesicherten und aus unterschiedlichen Blickwinkeln bewerteten Aussagen der Normen bei entsprechend kritischer Hinterfragung des Einsatzzwecks unabdingbar. Im Weiteren besteht die Möglichkeit, individuell beeinflussbare Leistungsvoraussetzungen durch gut gestaltete Bedienungsanleitungen, attraktives Design oder gezielte Einarbeitung zu steigern.

Schlussfolgernd beruht das Erreichen eines hohen ergonomisch bedingten Leistungsniveaus, wie auch bei den grundsätzlichen technischen Parametern eines Produktes, nicht auf dem Zufall, sondern es ist das Ergebnis langjähriger Forschungs- und Entwicklungsprozesse. Im Fall der ergonomischen Gestaltung stehen neben der Auslegung der unmittelbaren Schnittstelle von Mensch und Technik auch die Betrachtung möglicher Auswirkungen auf die menschliche Belastung und die sich daraus ergebenden Effekte für Gesundheit, Motivation und Leistung im Fokus. Dieser Aspekt macht die Ergonomie sowohl für die Betrachtung der Leistungsoptimierung der Nutzer als auch der Fürsorge für die Nutzer von Produkten interessant.

Eine unmittelbare Voraussetzung für die erfolgreiche Gestaltung der ergonomischen Qualität eines Produktes ist eine systematische auf Arbeitsaufgabe und Einsatzzweck ausgerichtete Vorgehensweise. Als geeigneter Ansatz zur Strukturierung hat sich dabei der Begriff des Arbeitssystems etabliert.

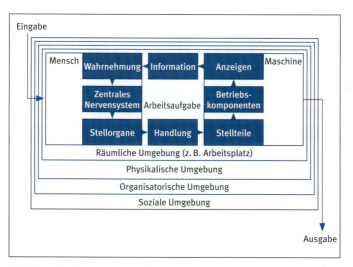

Abbildung 4: Struktur eines Arbeitssystems nach DIN EN ISO 26800:2011; Abschnitt 5.2

Ein Arbeitssystemen gliedert sich im Grundsatz nach REFA bzw. der DIN EN ISO 6385:2004 in die sieben Elemente:

1. **Arbeitsaufgabe**: Die Aufgabe beschreibt den Zweck, für den das betrachtete Arbeitssystem entwickelt oder geschaffen wurde. Die Arbeitsaufgabe wird auch als primäre Aufgabe eines soziotechnischen Systems bezeichnet.

2. Die **Eingabe** beschreibt alle Elemente, welche in das Arbeitssystem einzubringen sind, ohne dass diese einen permanenten Teil des Systems darstellen. Unter Eingabe werden Material, Informationen, Werkzeuge, Energie usw. zusammengefasst.

3. Der **Mensch** beschreibt die individuellen Eigenschaften des Mitarbeiters. Somit lassen sich individuelle Unterschiede wie Qualifikation, physische Leistungsvoraussetzungen usw. beschreiben.

4. Das **Arbeitsmittel**, welches im Fokus dieses Buches steht, besitzt ebenfalls spezifische Eigenschaften. So kann die Aufgabe Holzschraube in eine Holzleiste einschrauben mit einem Handschraubendreher oder einem Akku-Schrauber erfolgen. Beide Geräte dienen im Grundsatz dem gleichen Zweck, unterliegen aber gestalterisch großen Unterschieden.

5. Der **Arbeitsablauf** beschreibt das Zusammenwirken von Mensch und Arbeitsmittel; wie im vorherigen Absatz beschrieben, ergeben sich aus der jeweiligen Kombination ebenfalls große Unterschiede in Abhängigkeit der gewählten Lösung.

6. Die **Ausgabe** stellt die Ergebnisse des Arbeitssystems dar und beschreibt neben den erbrachten Leistungen (Produkte, Dienstleistungen) auch die nach erfolgter Arbeitsaufgabe aus dem System ausscheidenden Elemente, wie Belege, Abfälle, benutzte Werkzeuge usw.

7. Unter dem **Umweltbegriff** werden Rahmenbedingungen, welche die Prozesse im Arbeitssystem beeinflussen können, zusammengefasst. Typischerweise sind dies alle Arbeitsumweltfaktoren, wie Lärm, Klima, Gefahrstoffe usw. Zusätzlich sind aber auch räumliche, organisatorische und soziale und damit motivationsbestimmende Rahmenbedingungen zu berücksichtigen. Diesem Punkt lässt sich die nach Ulich definierte sekundäre Aufgabe eines soziotechnischen Systems[4] zuordnen. Als sekundäre Aufgabe versteht man den Systemerhalt mit technisch orientierten Maßnahmen, wie Wartung, Reparatur oder Aufrüstungen, sowie personenorientierte Maßnahmen, wie Qualifizierung oder Erholung.

---

4 Ulich, E.: Arbeitspsychologie; vdf-Hochschulverlag der ETH Zürich und Schaeffer-Poeschel-Verlag Stuttgart; 6. Auflage 2005

Zusammenfassend sollen noch einmal die zur berücksichtigenden Faktoren zur Leistungsoptimierung eines Arbeitssystems dargestellt werden.

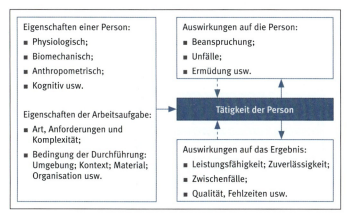

Abbildung 5: Auswahl der zur Leistungsoptimierung eines Arbeitssystems zu berücksichtigenden Faktoren

Ergonomische Gestaltungsanforderungen zum Schutz der Nutzer sind durch Vorgaben im Geräte- und Produktsicherheitsgesetz bzw. der Maschinenrichtlinie festgeschrieben. Durch gesetzlichen Auftrag sind definiert:

- Hersteller von Produkten sind verpflichtet, ergonomische Erkenntnisse zu berücksichtigen.

- Für die Nutzung von Produkten ist der Arbeitgeber verpflichtet, entsprechende ergonomische Einsatzbedingungen sicherzustellen (vgl. BetrSichV).

- Neben dem gesetzlichen Auftrag sichern ergonomische Arbeitsbedingungen aber auch die Leistungssteigerung bzw. den Leistungserhalt im Arbeitsprozess.

Für die Realisierung rechtlicher Ansprüche gelten Normen als gesicherte arbeitswissenschaftliche Erkenntnisse (vgl. Ausführungen zu „Vermutungswirkungen" in Abschnitt 1.4). Relevante Normen sind deshalb entsprechend zu berücksichtigen und wirken indirekt bindend. Darüber hinaus haben zahlreiche Hersteller die Ergonomie als Werbefaktor erkannt, da sich insbesondere der effiziente Umgang mit dem Leistungsangebot der Mitarbeiter und die Effizienz von Arbeitsprozessen als eindeutiger Mehrwert darstellen lassen.

Für die Vermeidung eines möglichen konstruktiven Risikos liegt mit der DIN EN ISO 12100:2011-03 „Sicherheit von Maschinen – Allgemeine

Gestaltungsleitsätze – Risikobeurteilung und Risikominimierung" eine Vorgehensweise vor, welche den Anwender gezielt durch die Möglichkeiten einer sicherheitsgerechten Gestaltung zu einer angemessenen Lösung führt.

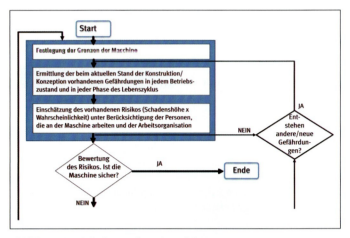

Abbildung 6: Risikobeurteilung in Anlehnung an DIN EN ISO 12100:2011-03; Abschnitt 4

Nach DIN EN ISO 12100 gliedert sich der Prozess zur Gestaltung einer sicheren Maschine in zwei Hauptteile. In einem ersten Teil werden die gewählten Funktionsprinzipien unter dem Aspekt der Einsatzplanung hinsichtlich möglicher Risikofaktoren analysiert. Können in der Folge des Prüfprozesses mögliche Risiken ausgeschlossen werden, so gilt die Maschine als sicher. Kann dies nicht gewährleistet werden, so schließt sich ein zweiter Teil an, dessen Ziel die schrittweise Bestimmung von Maßnahmen unterschiedlicher Reichweite zur Gefährdungsreduktion darstellt (siehe Abbildung 7).

Prinzipiell unterscheiden sich zwei Vorgehensweisen zur ergonomischen Gestaltung.

Korrektive ergonomische Gestaltung

Aufgrund mangelnder Ressourcen, fehlender Anwendungserfahrungen mit den eigenen Produkten und Defiziten hinsichtlich notwendiger Kenntnisse zu den entsprechenden ergonomischen Anforderungen arbeiten viele Entwickler nach dem Prinzip der korrektiven Gestaltung. Das bedeutet, die am bereits vertriebenen Produkt entstandenen Probleme werden, sofern möglich, Schritt für Schritt durch nachträgliche

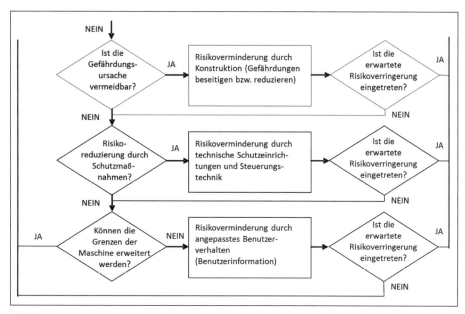

Abbildung 7: Schrittweiser Ausschluss von Gefährdungen nach DIN EN ISO 12100:2011-03; Abschnitt 4; Bild 1

Korrekturen/Optimierung behoben. Fast alle Nutzer von Computersoftware kennen eine derartige schrittweise Optimierung, welche halb- oder vollautomatisch durch ergänzende Programme und sogenannte Servicepacks vorgenommen wird. Eine derart elegante Form der Nachbesserung besteht für die Mehrzahl der Produkte aber nicht. Aufgrund der Vielzahl nicht mehr oder nur aufwändig änderbarer Rahmenbedingungen sind Anpassungen technischer Systeme in der Regel mit hohem Aufwand verbunden, wobei dieser Aufwand häufig nur einen begrenzten Erfolg verspricht. In vielen Fällen besteht als zusätzliches Problem die Erreichbarkeit des Kunden, ganz abgesehen vom finanziellen Aufwand, welcher mit dieser Form der Nachbesserung verbunden ist.

So steigern sich die Kosten zur Berücksichtigung ergonomischer Aspekte von 1%–2,5% bei der Produktspezifikation, über 2%–6,5% während der Herstellung auf bis zu 5%–12% beim Betrieb. In Ausnahmefällen, wie der Notwendigkeit einer kompletten Produktneuplanung, können die anteiligen Kosten auch wesentlich höher ausfallen[5].

---

5 D. Alexander, Auburn Engineers; R. Rabourn: Applied Ergonomics; Taylor & Francis; London; New York 2001

Prospektive ergonomische Gestaltung

Alternativ bietet sich ein prospektives Vorgehen bei der ergonomischen Gestaltung an. Berücksichtigt man Aspekte der Ergonomie von Beginn an, so lassen sich mögliche Fehlentwicklungen, durch die entweder unkalkulierbare Folgekosten oder überdurchschnittliche Belastungen der Mitarbeiter entstehen, bereits im Ansatz vermeiden.

Dazu sollten neben dem in Normen verankerten ergonomischen Gestaltungswissen auch bereits vorliegende spezifische Nutzererfahrungen und die sich aus verschiedenen Einsatzszenarien ergebenden Kundenwünsche im Entwurfsprozess Berücksichtigung finden. Neben einer insgesamt qualitativ besseren Lösung ist davon auszugehen, dass durch Maßnahmen der Kundenintegration auch die Akzeptanz eines neuen Produktes steigt. Das führt in Summe zu einer deutlichen Produktivitätssteigerung beim Einsatz eines entsprechend gestalteten Produkts.

Haupteffekt für den Produktentwickler dürfte aber die Verringerung der Folgekosten durch Korrekturen sein. Aus diesen Gründen ist eine prospektiv orientierte ergonomische Gestaltung gegenüber der korrektiven Vorgehensweise zu bevorzugen.

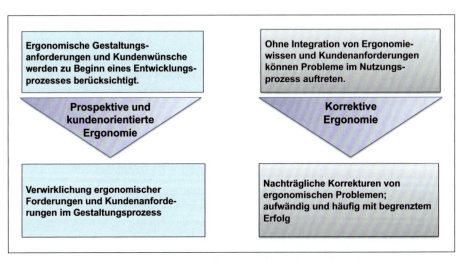

Abbildung 8: Gegenüberstellung von prospektivem und korrektivem Gestaltungsansatz

Die Anwendung von Normen ist Teil einer prospektiven ergonomischen Gestaltung, da sie den Stand der Technik in den Entwurfsprozess integriert. Für den systematischen Entwurfsprozess orientieren sich viele Entwickler an der Konstruktionsmethodik nach VDI 2222. Mit der

DIN EN 614-1:2009-06 liegt für die ergonomische Gestaltung ein vergleichbares Vorgehensmodell vor. Für die Schaffung eines in Bezug zur Ergonomie integrativen Verfahrens bedarf es der Verknüpfung beider Vorgehensmodelle, welche im Detail betrachtet viele Ähnlichkeiten aufweisen (siehe Abbildung 9). Die Gestaltungsstufen nach DIN EN 614-1: 2009-06 sollen im Folgenden vorgestellt werden. Fachorientiertes Grundwissen für die Umsetzung der einzelnen Arbeitsschritte wird in den folgenden problemorientierten Kapiteln dargestellt.

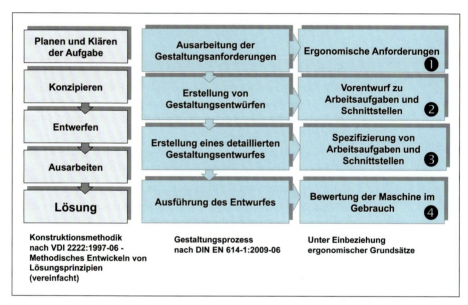

Abbildung 9: Gegenüberstellung der Konstruktionsmethodik nach VDI 2221[6] und VDI 2222[7] und dem Vorgehensmodell zur ergonomischen Gestaltung nach DIN EN 614-1:2009-06

Als grundsätzliche Bewertungsgrundlage für eine begleitende Evaluierung ergonomischer Gestaltung eignen sich die arbeitswissenschaftlichen Bewertungskriterien. Dabei stellt die Sicherung der Ausführbarkeit einer Arbeitsaufgabe die Voraussetzung für das Erreichen eines höheren Niveaus, wie die Schädigungslosigkeit, dar.

---

6 VDI 2221:1993-05; Methodik zum Entwickeln und Konstruieren technischer Systeme und Produkte

7 VDI 2222 Blatt 1:1997-06; Konstruktionsmethodik – Methodisches Entwickeln von Lösungsprinzipien

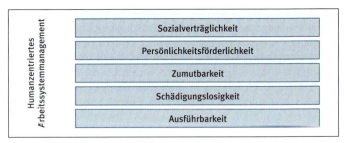

Abbildung 10: Arbeitswissenschaftliche Bewertungskriterien nach DIN EN 10075-1:2000-11; Anhang A[8]

Stufe 1

Im Punkt „Planen und Klären der Aufgabe" nach VDI 2222 in Kombination mit dem Vorgehen zur ergonomischen Gestaltung nach DIN EN 614 im Rahmen der „Festlegung ergonomischer Anforderungen" sind folgende Schritte zu berücksichtigen:

a) Festlegung relevanter ergonomischer Anforderungs- und Bewertungskriterien auf der Grundlage allgemeiner ergonomischer Grundsätze,

b) Anforderungen aus Arbeitsprozess und -aufgabe,

c) Sammeln von Erfahrungen bei bestehenden Maschinen,

d) Beschreibung der Eigenschaften des erwarteten Bedienpersonals,

e) Risikobeurteilung.

Alle diese Punkte sind stets auf die zu erfüllende Arbeitsaufgabe auszurichten. Eine von der konkreten Arbeitsaufgabe losgelöste Betrachtung ergonomisch korrekter Lösungsansätze durch die Suche geeigneter Ausführungsprinzipien führt in der Regel nicht zum Erfolg.

Stufe 2

In Überlappung zu den Punkten „Konzipieren" und „Entwerfen" nach VDI 2222 erfolgt in der zweiten Stufe der Vorentwurf zum Arbeitsprozess und der Detaillierung aller später mit dem Produkt auszuführenden Arbeitsaufgaben. Zu berücksichtigen sind neben der Kernhandlung auch Nebenaufgaben, wie der Transport, die Wartung oder das Umrüsten eines Produktes. In dessen Ergebnis lassen sich konkrete Anforderungen

---

8 Ursprüngliche Quelle: Lukzak, H.; Volpert, W.; Raeithel, A.; Schwier, W. (1987): Arbeitswissenschaft, Kerndefinitionen – Gegenstandskatalog – Forschungsgebiete. RKW e.V. 1987.

bezüglich der Schnittstellen zwischen Mensch und Produkt beschreiben. In diesem Zusammenhang sind festzulegen:

a) Zuweisung der Funktionen und Aufgaben an das Bedienpersonal und die Maschine,

b) Beschreibung der Aufgaben und Tätigkeiten des Bedienpersonals,

c) Erstellung eines Entwurfes bzw. Konzeptes der Schnittstelle,

d) Bewertung des Systems „Mensch-Maschine-Schnittstelle" („Bedienperson-Maschine") anhand der festgelegten Kriterien.

Stufe 3

In Anlehnung an die Punkte „Entwerfen" und „Ausarbeiten" der VDI 2222 sind in der dritten Stufe Arbeitsaufgaben und Schnittstellen zu spezifizieren. Im Rahmen des Entwurfsprozesses lassen sich in dieser Entwurfsstufe unterschiedliche technische Möglichkeiten herausarbeiten und hinsichtlich ihrer Eignung prüfen:

a) Bewertung der Ergonomie des Systems „Mensch-Maschine" im Detail unter Verwendung der relevanten Normen und, falls erforderlich, Simulation der Aufgaben,

b) Ermittlung und Umsetzung notwendiger Korrekturen an der Schnittstelle,

c) Erstellung der Entwurfsdokumentation.

Stufe 4

In Übereinstimmung mit der im Ergebnis des Entwurfsprozesses nach VDI 2222 entstandenen Lösung muss im vierten und letzten Schritt die Einhaltung der ergonomischen Anforderungen durch die technische Lösung im Gebrauch geprüft werden. An dieser Stelle lässt sich mit Hilfe der Normenvorgaben und dazu festgelegter Prüfverfahren die erzielte ergonomische Güte bewerten. Folgende Schritte sind zu berücksichtigen:

a) Durchführung von Prüfverfahren mit Nutzern (Prüf- und Bedienpersonal),

b) Ermittlung und Durchführung notwendiger Modifikationen,

c) Sammeln von Rückmeldungen über den tatsächlichen Gebrauch der Maschine,

d) Erarbeitung der Betriebsanleitung und Festlegung des Ausbildungsgrades der Bedienperson.

Das Vorgehensmodell zur ergonomischen Gestaltung nach DIN EN 614-1 wird durch ein 3-Zonen-Bewertungssystem nach dem bekannten Ampelschema „Rot", „Gelb" und „Grün" ergänzt. Das Modell stellt ein strukturiertes Vorgehen zur Risikominimierung von Konstruktionen in allen Gestaltungsstufen dar. Darüber hinaus ist das 3-Zonen-Modell im betrieblichen Diskussionsprozess eine einfache Möglichkeit, den Stand der ergonomischen Gestaltungsqualität darzustellen und den konkreten Handlungsbedarf abzuleiten.

Das 3-Zonen-Bewertungsmodell definiert folgende Zonen:		
Zone 1 (Grüne Zone)	▪ Sichere Konstruktion ▪ Sicherer Betrieb ▪ Ergonomische Grundsätze sind erfüllt für: – Häufig genutzte Aufgaben – Länger andauernde Aufgaben – Arbeiten mit Komfort (Wohlbefinden)	🟢
Zone 2 (Gelbe Zone)	▪ Sichere Konstruktion ▪ Sicherer Betrieb ▪ Ergonomische Grundsätze sind erfüllt für Aufgaben: – Mit zeitlich begrenzter Nutzung – Von kurzer Dauer	🟡
Zone 3 (Rote Zone)	▪ Ergonomische Grundsätze sind nicht erfüllt ▪ Es gibt Bedingungen, welche das Risiko erhöhen und zu Erschwernissen führen können	🔴

Mit diesem einfachen Bewertungsmodell lassen sich für alle im Entwurfsprozess betrachteten Gestaltungsfelder eindeutige Abbruchkriterien definieren oder die Notwendigkeit einer Überarbeitung herausarbeiten (siehe Abbildung 11).

Ergonomische Gestaltung bettet sich nahtlos in den gesetzlichen Kontext zur Absicherung von Mindeststandards bei der Beschaffenheit von Produkten und dem betrieblichen Arbeitsschutz ein. Diese fordert eine Konformitätserklärung, welche die Berücksichtigung des aktuellen Standes der Technik durch Einhaltung entsprechender Normen absichert. Im Weiteren sollen diese Aspekte näher erläutert werden.

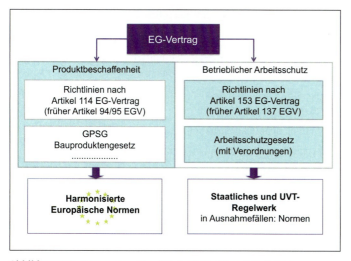

Abbildung 11: Bezug von europäischem Recht und Normung

Risikobeurteilung 1.2

Bei der Durchführung notwendiger Risikoanalysen handelt es sich um Verfahren zum Erkennen und Bewerten von Gefährdungssituationen (vgl. Abbildung 6 und Abbildung 7). Ziel ist es, nach der Abschätzung von Gefährdungen und Risiken diese nach Möglichkeit auszuschließen oder, wenn dies nicht möglich ist, diese so gering wie möglich zu halten. In Auswertung der Risikoanalysen lassen sich geeignete Schutzmaßnahmen ableiten und realisieren. Es gilt nach Maschinenrichtlinie der Grundsatz, dass eine Risikoanalyse zum frühestmöglichen Zeitpunkt, also bereits während der Planung und Entwicklung, begleitend durchzuführen ist. Nachträgliche Änderungen an Produkten erreichen in der Regel nicht den gewünschten Sicherheitsstandard und sind teuer.

Grundlage der Risikoanalyse ist die Maschinenrichtlinie 2006/42/EG, da diese einheitliche Regelungen zur Erfüllung grundlegender Sicherheits- und Gesundheitsschutzanforderungen, die Risikobeurteilung sowie Dokumentation und Kennzeichnung für den gesamten europäischen Binnenmarkt zur Verfügung stellt.

Grundlegende Anforderungen an eine Risikobeurteilung sind:

- Festlegung der Grenzen und der bestimmungsgemäßen Verwendung der Maschine;
- Identifizierung von Gefährdungen und der zugehörigen Gefährdungssituationen;

- Risikoeinschätzung für jede identifizierte Gefährdung und Gefährdungssituation;
- Risikobewertung und Treffen von Entscheidungen über die Notwendigkeit zur Risikominderung.

Für die sich anschließende Risikominderung sind folgenden Forderungen zu realisieren:

- Inhärent sichere Konstruktion;
- Technische und ergänzende Schutzmaßnahmen;
- Benutzerinformationen.

Das Vorgehensmodell für eine hinreichende Risikominimierung nach DIN EN ISO 12100:2011-03 wird in Abbildung 12 dargestellt.

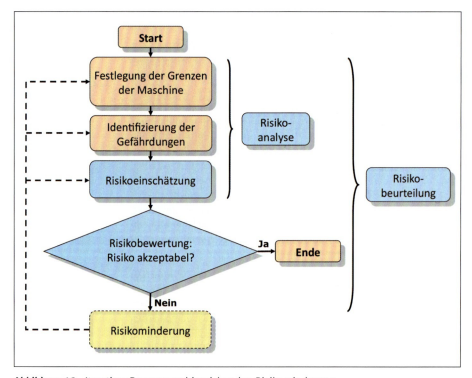

Abbildung 12: Iterativer Prozess zur hinreichenden Risikominderung nach DIN EN ISO 12100:2011-03; Abschnitt 4

Dabei kann das Schadensausmaß durch die Intensität der Einwirkung oder die betroffenen Teile des Organismus variieren, während die Eintrittswahrscheinlichkeit zum Beispiel von Expositionszeit und der Wirksamkeit sowie Zuverlässigkeit vorhandener Schutzsysteme abhängig ist.

Das Risiko (R) lässt sich als das Produkt von Schadensausmaß (S) multipliziert mit der Eintrittswahrscheinlichkeit (W) ausdrücken.

R = S x W.

Um ein bestimmtes Risiko nicht zu überschreiten, ist ein großes Schadensausmaß mit geringer Eintrittswahrscheinlichkeit bzw. entgegengesetzt notwendig. Rechnerisch erhält man so zwar miteinander vergleichbare Werte, welche sich aber aus völlig unterschiedlichen Zusammenhängen ergeben können.

So kann man für ein häufig eintretendes Ereignis mit geringen Auswirkungen und ein sehr selten eintretendes Ereignis mit katastrophalen Auswirkungen die gleiche Risikozahl erhalten, was einer Verzerrung der Wirklichkeit gleichkommt und somit faktisch nicht vergleichbar ist. Die Einschätzung von Risiken muss also in einem Rahmen erfolgen, der die Ergebnisse realitätsnah wiedergibt.

In der Gesellschaft werden Risiken stark nach ihrem Schadensausmaß beurteilt, weniger nach ihrer Eintrittswahrscheinlichkeit, weshalb Risiken mit katastrophalen Ausmaßen und verschwindend geringer Eintrittswahrscheinlichkeit weniger akzeptiert werden als Risiken mit banalen Folgen und vergleichsweise hoher Wahrscheinlichkeit.

Das Abschätzen des Ausmaßes von Schäden lässt sich im Allgemeinen relativ einfach durchführen, wohingegen die Eintrittswahrscheinlichkeiten schwierig zu ermitteln sind, da sie sich stets aus einem komplexen Zusammenhang der oben genannten Einflussgrößen ergeben. Eine realistische Eintrittswahrscheinlichkeit von Schäden lässt sich somit in der Praxis nur annähernd durch Berechnungsverfahren auf der Grundlage schon bekannter Sicherheitsdaten ermitteln.

Eine quantitative Einschätzung der Wahrscheinlichkeiten und Schadensausmaße von Risiken muss somit verfahrens- und methodengebunden erfolgen.

Nachfolgend wird in Abbildung 13 ein Verfahren zur Ermittlung von Schutzklassen auf Grundlage einer Risikoprioritätenzahl dargestellt.

Schadensausmaß Eintrittswahrscheinlichkeit	Keine gesundheitlichen Folgen 1	Bagatellfolgen (die Arbeit kann fortgesetzt werden) 2	Mäßig schwere Folgen (Arbeitsausfall, ohne Dauerschäden) 3	Schwere Folgen (irreparable Dauerschäden möglich) 4	Tödliche Folgen 5
praktisch unmöglich A	extrem gering 1	extrem gering 1	sehr gering 2	eher gering 3	mittel 4
vorstellbar B	extrem gering 1	sehr gering 2	eher gering 3	mittel 4	hoch 5
durchaus möglich C	sehr gering 2	eher gering 3	mittel 4	hoch 5	sehr hoch 6
zu erwarten D	sehr gering 2	mittel 4	hoch 5	sehr hoch 6	extrem hoch 7
fast gewiss E	sehr gering 2	mittel 4	sehr hoch 6	extrem hoch 7	extrem hoch 7

Abbildung 13: Ermittlung der Risikoprioritätenzahl (nach Neudörfer, A. 2001)

Eine andere Möglichkeit der Ermittlung der Risikogruppen ist die auf den Vorgaben der DIN EN 61508-1 beruhende Methode des Risikographen (vgl. Abbildung 14).

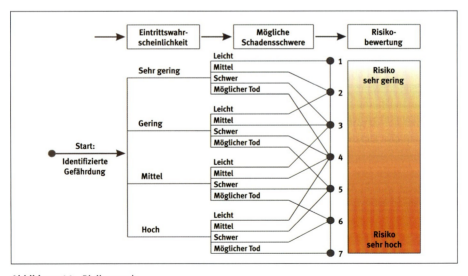

Abbildung 14: Risikograph

Es gilt folgende Einordnung.

Tabelle 1: Risikoeinordnung

Risikowerte	Handlungsempfehlung
5–7	Das Risiko ist hoch, sehr oder extrem hoch. Das Risiko liegt deutlich über dem Grenzrisiko. Es besteht Gefahr und daher dringender Handlungsbedarf.
3/4	Das Risiko ist mittel oder eher gering. Das Risiko liegt im Bereich des Grenzrisikos. Handlungsbedarf und Verbesserungspotenziale sind genauer zu prüfen.
1/2	Das Risiko ist sehr oder extrem gering. Das Risiko liegt klar unter dem Grenzrisiko. Sicherheit ist gegeben. Kein Handlungsbedarf, aber ggf. sind weitere Verbesserungspotenziale vorhanden.

Prinzipiell werden die Risikoeinschätzung und -bewertung immer in Kombination angewendet, da die Bewertung des Risikos auf der Einschätzung des Risikos aufbaut. Erst wenn identifizierte Gefährdungen quantitativ eingeordnet wurden, kann darüber entschieden werden, ob das Risiko kleiner als das Grenzrisiko ist und ob Schutzmaßnahmen notwendig sind. Der Zeitpunkt von Schäden kann damit allerdings nicht vorhergesagt werden, sondern nur die Wahrscheinlichkeit, dass Schäden früher oder später eintreten. Technische Maßnahmen können diese Wahrscheinlichkeit verringern, sie allerdings niemals vollständig ausschließen. Folglich können Risiken nicht restlos minimiert werden und es verbleibt immer ein gewisses Restrisiko. Durch die Anwendung von Schutzmaßnahmen sind dementsprechend Risiken so weit zu begrenzen, dass ein gewisses von der Gesellschaft akzeptiertes Grenzrisiko, das höchste akzeptable Risiko, der Bereich zwischen Sicherheit und Gefahr, nicht überschritten wird. Abbildung 15 verdeutlicht die Zusammenhänge.

Weitere Verfahren z. B. in Anlehnung an NOHL 1988, DIN EN 61508-1: 2009-02 „Funktionale Sicherheit sicherheitsbezogener elektrischer/ elektronischer/programmierbarer elektronischer Systeme" oder DEFREN 1995 lassen sich mit der im Rahmen einer Qualitätssicherungsstrategie angewandten FMEA-Analyse[9] ergänzend anwenden. Eine entsprechende

---

9 Fehler-Möglichkeits- und Einflussanalyse

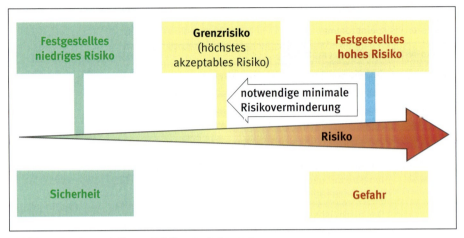

Abbildung 15: Grenzrisiko und Risikoverminderung

Risikominimierung durch Anwendung der FMEA-Analyse strebt folgende Schwerpunkte an:

- Auffindung von Schwachstellen, Einzelfehlerkriterium;
- Entwurfsverbesserung zur Zuverlässigkeitserhöhung;
- Spezifische Ausrichtung von Instandhaltungen;
- Zielfindung für Monitoring zur Ausfallfrüherkennung;
- Einrichtung aktiver und passiver Schutzmaßnahmen;
- Vorbereitung von Fehlerbaum- und Ereignisablaufanalysen.

1.3 Konformitätserklärung entsprechend Maschinenrichtlinie

Abschluss eines ergonomischen Gestaltungsprozesses ist die Konformitätserklärung des Herstellers. Diese stellt ein Gütesiegel in Bezug auf die Produktsicherheit dar und garantiert die Übereinstimmung der Maschine mit den relevanten Richtlinien durch Anwendung der jeweilig harmonisierten Normen, welche gleichzeitig Auswirkung auf die Effizienz der Nutzung und des Arbeitsprozesses besitzt. Mit einer CE-Kennzeichnung erfolgt im übertragenen Sinne, entsprechend dem französischen Begriff „Communauté Européenne", die Erklärung zur Übereinstimmung mit EG-Richtlinien.

Die CE-Kennzeichnung erfolgt in 7 Schritten.

1. Identifizieren der relevanten Richtlinien und harmonisierten Normen
2. Beschreibung aller produktrelevanten Anforderungen
3. Klärung, wer Bewertung durchführt (Notified Body?)
4. Relevante Sicherheitsstudien (HAZOP, PL, ATEX, Risks Assessment)
5. Erstellung der notwendigen technischen Dokumentation
6. Ausstellung der EG-Konformltätserklärung (Conformlty)
7. Anbringung der CE-Kennzeichnung (Marking)

Abbildung 16: Schritte zur CE-Kennzeichnung

Das CE-Kennzeichen trägt durch seinen ganzheitlichen Ansatz dazu bei, ein wichtiges europäisches Qualitätsmerkmal zu werden, da es über den reinen Sicherheitsaspekt hinaus auch weiterführende Aspekte einer ergonomischen Gestaltung berücksichtigt. Im Ergebnis entstehen hochwertige Maschinen, die Produkte hoher Qualität produzieren.

Normen in der Ergonomie 1.4

Die Gültigkeit von Normen im Produktentwicklungsprozess für den gesamten europäischen Binnenmarkt basiert auf den europäischen Richtlinien, welche direkt auf die harmonisierten Europäischen Normen von CEN[10], der Europäische Normungsorganisation, verweisen. Diese Normen spiegeln den Stand der Technik wider und sind im Konsensprinzip erarbeitet, da alle interessierten Gruppen möglicher Anwender an deren Erstellung mitarbeiten können.

Harmonisierte Normen liegen dann vor, wenn ein Mandat der Kommission besteht und die Erarbeitung unter Berücksichtigung festgelegter Regularien und der Ratifizierung der Norm erfolgt. Europäische Normen werden in Deutschland über das DIN e. V.[11] umgesetzt. Mit der Veröffentlichung im Bundesarbeitsblatt gelten sie als in das deutsche Regelwerk aufgenommen.

Bei Produkten, die harmonisierten Europäischen Normen entsprechen, ist davon auszugehen, dass sie auch die von diesen Normen abgedeckten Richtlinienanforderungen erfüllen. Diese sogenannte Vermutungs-

---

10 CEN – Comité Européen de Normalisation, in Deutsch: Europäisches Komitee für Normung
11 Deutsches Institut für Normung e. V.

wirkung befreit den „Inverkehrbringer" davon, die Konformität des Produktes nachweisen zu müssen.

Um dem Nutzer die Orientierung in den Normenwerken zu erleichtern, wurde eine sich vom Allgemeinen zum Speziellen entwickelnde Ordnungsstruktur definiert. Die Hierarchie der Normenstruktur im Bereich der Maschinensicherheit wird in der Norm EN ISO 12100 festgelegt. Nach dieser Struktur sind A- und B-Normen sogenannte „Querschnittsnormen", die von C-Normen genutzt werden können. In Bezug zur ergonomischen Gestaltung soll an ausgewählten Beispielen eine Zuordnung entsprechend Normenstruktur illustriert werden.

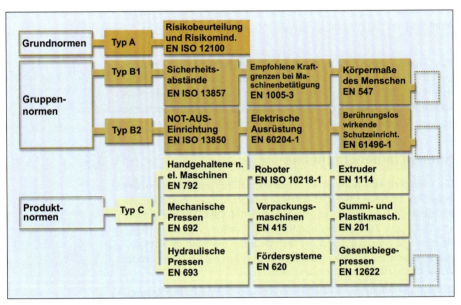

Abbildung 17: Darstellung der Normenstruktur am Beispiel ausgewählter Sicherheitsnormen

Wie in Abbildung 17 ersichtlich, besitzen die Typ-C-Normen den für eine Detaillierung des Konstruktionsprozesses unmittelbaren Bezug. Die dazugehörige Struktur einer Sicherheitsnorm ist durch den CEN-Guide 414 festgelegt. Alle Typ C-Normen sollten dieser Struktur entsprechen. Wichtig für den Konstrukteur sind insbesondere die Abschnitte 4 und 5 einer C-Norm.

So müssen die in der Liste der signifikanten Gefährdungen enthaltenen ergonomischen Aspekte betrachtet werden (jeweils Abschnitt 4 der Norm). In Abschnitt 5 der Norm enthaltene Sicherheitsanforderungen und Schutzmaßnahmen verweisen ebenfalls auf ergonomische Aspekte und sind entsprechend umzusetzen.

Bei Anwendung der Typ C-Norm kann davon ausgegangen werden, dass die Anforderungen nach Anhang I der Maschinenrichtlinie 2006/42/EG erfüllt sind und das Produkt damit richtlinienkonform ist. Ein solcher normenorientierter Entwurfsprozess entspricht der Konformitätsvermutung entsprechend den europäischen Richtlinien. Zwar ist die Konstruktion nach den harmonisierten Normen nicht bindend, in einem solchen Fall kann die Marktaufsichtsbehörde vom Hersteller aber verlangen, dass er die Richtlinienkonformität auf anderem Weg nachweist.

Abschnitt: „Vorwort"

Abschnitt 0:   „Einleitung"

Abschnitt 1:   „Anwendungsbereich"

Abschnitt 2:   „Normative Verweisungen"

Abschnitt 3:   „Begriffe – Symbole und Abkürzungen"

Abschnitt 4:   „Liste signifikanter Gefährdungen" – einschließlich Ergonomie

Abschnitt 5:   „Sicherheitsanforderungen und/oder Schutzmaßnahmen" einschließlich Ergonomie

Abschnitt 6:   „Festlegung der Übereinstimmung mit den Sicherheitsanforderungen und/oder Schutzmaßnahmen"

Abschnitt 7:   „Benutzerinformationen"

Abschnitt Anhänge (normative und informative Anhänge)

Abbildung 18: Gliederung nach CEN 414; Kapitel 6: Aufbau einer Sicherheitsnorm (C-Norm)

Innerhalb der Typ C-Normen existieren vier Arten der Einbeziehung ergonomischer Anforderungen:

- Im Normentext wird direkt auf ergonomische Anforderungen eingegangen.
- Im Normentext wird auf eine Ergonomie-Norm verwiesen.
- Im Kapitel 2 der Norm werden normative Verweise auf Ergonomie-Normen gegeben (z. B. auf Typ B-Normen zur Ergonomie).

- Im Literaturverzeichnis oder den informativen Anhängen zur Norm werden Hinweise auf Ergonomie-Normen oder Literatur zur Ergonomie als Quellenhinweis gegeben.

So wirken bei komplexen Anlagen ganze Bündel von Normen, welche durch strukturiertes Abarbeiten eine Vielzahl von Gestaltungsvorgaben definieren und damit auch zur Entlastung des Entwicklers im Prozess einer richtlinienkonformen Konstruktion führen, da der Entwickler sich auf die Realisierung der zu entwickelnden Kernfunktionen konzentrieren kann.

Am Beispiel einer Werkzeugmaschine soll in Abbildung 19 die Vielfalt zu berücksichtigender Normen aus dem Gebiet der Ergonomie angedeutet werden.

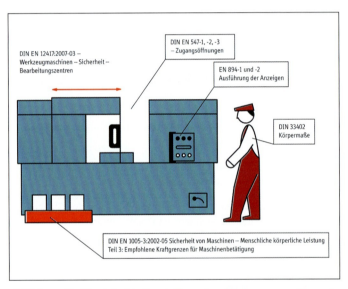

Abbildung 19: Vereinfachte Darstellung einer Werkzeugmaschine mit einer Auswahl anzuwendender Normen mit Bezug zur ergonomischen Gestaltung

1.5 Weiterführende Normen zur Ergonomie im Entwurfsprozess

DIN EN 614-1 Sicherheit von Maschinen – Ergonomische Gestaltungsgrundsätze – Teil 1: Begriffe und allgemeine Leitsätze; Deutsche Fassung EN 614-1:2006 + A1:2009

DIN EN 614-2 Sicherheit von Maschinen – Ergonomische Gestaltungsgrundsätze – Teil 2: Wechselwirkungen zwischen der Gestaltung von Maschinen und den Arbeitsaufgaben; Deutsche Fassung EN 614-2:2000 + A1:2008

DIN EN 12100 Sicherheit von Maschinen – Allgemeine Gestaltungsleitsätze – Risikobeurteilung und Risikominderung (ISO 12100:2010); Deutsche Fassung EN ISO 12100:2010

DIN EN 13861 Sicherheit von Maschinen – Leitfaden für die Anwendung von Ergonomie-Normen bei der Gestaltung von Maschinen; Deutsche Fassung EN 13861:2002

DIN EN ISO 6385 Grundsätze der Ergonomie für die Gestaltung von Arbeitssystemen (ISO 6385:2004); Deutsche Fassung EN ISO 6385:2004

DIN EN ISO 26800 Ergonomie – Genereller Ansatz; Prinzipien und Konzepte (ISO/FDIS 26800:2011); Deutsche Fassung FprEN ISO 26800:2011

DIN EN 61508-1 Funktionale Sicherheit sicherheitsbezogener elektrischer/elektronischer/programmierbarer elektronischer Systeme – Teil 1: Allgemeine Anforderungen (IEC 61508-1:2010); Deutsche Fassung EN 61508-1:2010

VDI 2221:1993-05 Methodik zum Entwickeln und Konstruieren technischer Systeme und Produkte

VDI 2222 Blatt 1:1997-06 Konstruktionsmethodik – Methodisches Entwickeln von Lösungsprinzipien

Weiterführende Literatur zur Ergonomie im Entwurfsprozess 1.6

DIN-Taschenbuch 352 Ergonomische Gestaltung von Maschinen,

Datenbank ErgoNoRA unter www.nora.kan.de/ergo

CEN 414 – CEN-Guide Safety of machinery – Rules for the drafting and presentation of safety standards

NEUDÖRFER, Alfred (2001): Konstruieren sicherheitsgerechter Produkte – Methoden und systematische Lösungssammlung zur EG-Maschinenrichtlinie. Berlin: Springer.

DEFREN, W. (1995): Strategien bei der Risikoanalyse im Maschinenbau, Heft 1 S. 6/11. S.I.S.

BUNDESANSTALT FÜR ARBEITSSCHUTZ [Hrsg.]; NOHL, Jörg; THIEMECKE, Hartmut (1988): Systematik zur Durchführung von Gefährdungsanalysen – Teil II: Praxisbezogene Anwendung. Bremerhaven: Wirtschaftsverlag NW Verlag für neue Wissenschaft GmbH.

Maßliche Gestaltung 2

Ergonomie ist, wenn es passt!

Mit dieser plakativen Aussage können die Anforderungen an die Gestaltung von Maschinen bezüglich der Körpermaße der Benutzer auf den Punkt gebracht werden. Maschinen müssen in ihrer maßlichen Gestaltung an den Kunden bzw. den späteren Nutzer angepasst sein, um eine optimale Funktionalität zu gewährleisten. Neben der Befriedigung von Komfortansprüchen kann dadurch vor allen Dingen entscheidender Einfluss auf die Sicherheit und Gesundheit im Umgang mit dem entstehenden Produkt genommen werden. Es lassen sich folgende Anforderungskategorien zur nutzergerechten maßlichen Auslegung von Produkten formulieren:

- Sicherheit (Einhaltung von Sicherheitsabständen),
- Erreichbarkeit, Funktionssicherheit (z. B. bei Betätigung von Stellteilen),
- ausreichender Bewegungsraum (Zugänglichkeit für Teile des Körpers, Freiräume, Wirkräume),
- physiologisch günstige Körperhaltungen (Anpassung an wechselnde Belastungen),
- sicheres und ermüdungsarmes Handhaben mit Gegenständen,
- Optimierung der Sichtgeometrie (Sichtmaße, Blickwinkel und -felder).

Das Risiko von Gesundheitsschäden und Unfällen kann dementsprechend schon bei der Planung und Entwicklung von Produkten durch die geeignete, körpermaßgerechte Auslegung positiv beeinflusst werden. Darüber hinaus kann auch auf Gestaltungskriterien wie Benutzerfreundlichkeit und Bedienkomfort Einfluss genommen werden. Im Zusammenhang mit der steigenden Variantenvielfalt und der Individualisierbarkeit von Produkten erfahren gerade diese Gestaltungskriterien eine weiter gefasste und größere Bedeutung. Es muss dabei beachtet werden, dass die große Mehrheit der Produkte und Arbeitsplätze später von einer Vielzahl von Anwendern genutzt werden soll. Unterschiedliche Anwender bringen unterschiedliche Körpermaße mit sich. Dies muss bei der Gestaltung von Abmaßen und Verstellbereichen von Produkten berücksichtigt werden.

Aus diesen Gründen ist die Kenntnis über die verschiedenen Körpermaße des Menschen eine wesentliche Voraussetzung für die Produktentwicklung (siehe Abbildung 20).

In diesem Kapitel werden zunächst die Abmessungen des menschlichen Körpers und das System der Körpergrößenklassen erläutert. Es schließt sich eine Behandlung der Sichtbereiche an, die sich aus der Sichtgeometrie ergeben. Visuelle Daten sind hier die Grundlage. Für die Maschi-

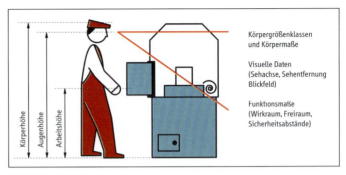

Abbildung 20: Überblick

nenkonstruktion sind weiterhin die Funktionsmaße, d. h. Wirkraum des Hand-Arm-Systems (Greifraum) und des Fuß-Bein-Systems, die Freiräume und natürlich auch die Sicherheitsabstände relevant. Zum Schluss des Kapitels wird auf die in der Praxis gängigen Gestaltungsmethoden eingegangen.

2.1 Abmessungen des menschlichen Körpers

Die Körperlängenmaße und Körperumfangmaße eines jeden Menschen differieren; über die gesamte Bevölkerung betrachtet sind Körperlängenmaße normalverteilt. Maße der Korpulenz (Umfangsmaße) variieren stark. Die dadurch entstehenden Gauß'schen Glockenkurven für Frau und Mann lassen die absoluten Grenzen und die Mittelwerte für diese Körpermaße erkennen (siehe Abbildung 21).

Die hohe Variationsbreite der Körpermaße muss bei der Gestaltung von Produkten beachtet werden. Einen Durchschnittsmenschen zu definieren und sich bei der Gestaltung an dessen Abmessungen zu orientieren, ist in den meisten Fällen nicht sinnvoll. Dies machen folgende Zitate aus dem Beiblatt 1 der DIN 33402-2 deutlich.

> „So ist es z. B. bei der Festlegung der lichten Höhe einer Tür nicht richtig, vom Median der Körperhöhe des Menschen auszugehen; 50 % aller Personen würden dann Gefahr laufen, sich an einem in dieser Weise konstruierten Türrahmen den Kopf zu stoßen."
>
> (Norm DIN 33402-2 Beiblatt 1: 2006-08; Abschnitt 1.2)

> „In unserer männlichen Bevölkerung ergibt sich für die Länge des Unterschenkels mit Fuß (einschließlich 30 mm für Schuhwerk) ein Median von etwa 480 mm. Ein Stuhl mit einer solchen Sitzflächenhöhe wäre (ohne weitere Hilfsmittel, wie Fußstützen) nur von etwa 50 % aller männlichen Benutzer (von denen, deren Länge des Unterschenkels mit Fuß und Schuhwerk größer ist als 480 mm) beschwerdefrei zu gebrauchen."
>
> (Norm DIN 33402-2 Beiblatt 1:2006-08; Abschnitt 1.2)

MASSLICHE GESTALTUNG

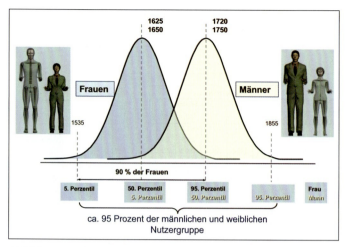

Abbildung 21: Körperhöhenverteilung für die Altersgruppe 18–65 Jahre in mm (nach DIN 33402-2:2005-12)

Auf der anderen Seite würde eine Dimensionierung an dem denkbar kleinsten und größten Anwender zu unverhältnismäßigen Auslegungsanforderungen führen. Deswegen werden Grenzen für den Anpassungsbereich eines Gegenstands festgelegt, die üblicherweise von dem 5. und dem 95. Perzentil gebildet werden. Der Begriff „Perzentil" ist eine statische Größe aus der Mathematik und steht für die prozentuale Summenhäufigkeit.

In der Anthropometrie (Lehre der Ermittlung und Anwendung der Maße des menschlichen Körpers) werden für Körpermaße Perzentilwerte angegeben. Sie geben für ein Körpermaß an, wie hoch der prozentuale Anteil der Personen einer Bevölkerungsstichprobe ist, die kleiner als das angegebene Perzentil sind. Beispiel: Beim x-ten Perzentil der Körperhöhe sind x % der Bevölkerung kleiner als dieser Wert und 100-x % größer. So liegt z. B. das 95. Perzentil der Körperhöhe von 18- bis 65-jährigen Männern in der Bundesrepublik Deutschland bei 1855 mm. Das besagt, dass 95 % dieser Bevölkerungsgruppe kleiner und 5 % größer als 1855 mm sind (DIN 33402-2 Beiblatt 1:2006-08, siehe Abbildung 22).

In der DIN 33402-2:2005-12 sind die Maße der deutschen Bevölkerung tabelliert. Für jede Nutzergruppe müssen die relevanten Maße verwendet werden. Körperabmessungen weisen genetisch bedingte Unterschiede zwischen ethnischen Gruppen auf, weswegen es zu regionalen Unterschieden kommt. So sind bspw. Nordeuropäer durchschnittlich 8 cm größer als Südeuropäer. Durch die Globalisierung gewinnt die

Kenntnis über die Körpermaße der einzelnen Bevölkerungen der Erde an Bedeutung. In Abbildung 23 werden ausgewählte internationale Körperhöhen einander gegenübergestellt.

Nach DIN 33402-2:2005-12		Perzentile					
(unbekleidete Personen, 18–65 Jahre)		männlich			weiblich		
	Abmessungen (in cm)	5.	50.	95.	5.	50.	95.
1	Reichweite nach vorn	68,5	74,0	81,5	62,5	69,0	75,0
2	Körpertiefe	26,0	28,5	38,0	24,5	29,0	34,5
3	Reichweite nach oben (beidarmig)	197,5	207,5	220,5	184,0	194,5	202,5
4	Körperhöhe	165,0	175,0	185,5	153,5	162,5	172,0
5	Augenhöhe	153,0	163,0	173,5	143,5	151,5	160,5
6	Schulterhöhe	134,5	145,0	155,0	126,0	134,5	142,5
7	Ellbogenhöhe über der Standfläche	102,5	110,0	117,5	96,0	102,0	108,0
8	Höhe der Hand über der Standfläche	73,0	76,5	82,5	67,0	71,5	76,0
11	Körpersitzhöhe (Stammlänge)	85,5	91,0	96,5	81,0	86,0	91,0
12	Augenhöhe im Sitzen	74,0	79,5	85,5	70,5	75,5	80,5
13	Ellbogenhöhe über der Sitzfläche	21,0	24,0	28,5	18,5	23,0	27,5
14	Länge d. Untersch. m. Fuß	41,0	45,0	49,0	37,5	41,5	45,0
15	Ellbogen-Griffachsen-Abstand	32,5	35,0	39,0	29,5	31,5	35,0
16	Sitztiefe	45,0	49,5	54,0	43,5	48,5	53,0
17	Gesäß-Knie-Länge	56,5	61,0	65,5	54,5	59,0	64,0
18	Gesäß-Bein-Länge	96,5	104,5	114,0	92,5	99,0	105,5
19	Oberschenkelhöhe	13,0	15,0	18,0	12,5	14,5	17,5

Abbildung 22: Körpermaße nach DIN 33402:2005-12; Abschnitt 4 (Auszug)

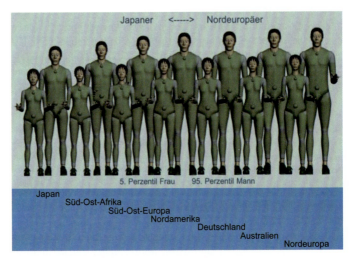

Abbildung 23: Gegenüberstellung internationaler Körpermaße

Bei der Gestaltung von Produkten und Arbeitsplätzen darf nicht von einem gleichmäßig proportionierten Menschen ausgegangen werden. Menschen gleicher Körperhöhe können sich in anderen Körperlängenmaßen stark unterscheiden. Große Menschen haben nicht zwangsläufig lange Gliedmaßen. Abbildung 24 zeigt Menschmodelle gleicher Körperhöhe mit unterschiedlich langen Extremitäten.

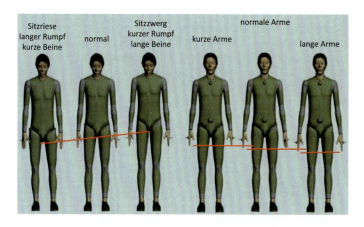

Abbildung 24: Proportionale Unterschiede

Innerhalb der Verteilungen müssen auch sogenannte Disproportionalitäten beachtet werden: So gibt es z. B. Menschen mit langem Rumpf und kurzen Beinen (Sitzriesen) und Menschen mit kurzem Rumpf und langen Beinen (Sitzzwerge). Vergleichbare Disproportionalitäten gibt es bei den Armlängen.

In der folgenden Abbildung wird beispielhaft deutlich, welche Konsequenzen sich daraus für die Verstellbereiche von Sitz und Pedalerie ergeben. Gestaltungsanforderungen für Sitz-Verstellbereiche und Pedal-Verstell-

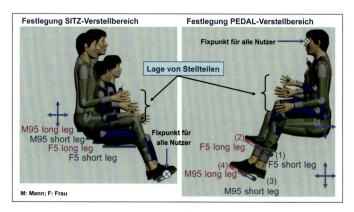

Abbildung 25: Beispiel für Verstellbereiche in Abhängigkeit von Größe und Proportionalität

bereiche sind hier für Sitzriesen und Sitzzwerge zwischen dem 5. und 95. Perzentil dargestellt.

2.2 Visuelle Daten

Bei der maßlichen Gestaltung von Maschinen sind neben den anthropometrischen auch die visuellen Daten von Bedeutung. Alle relevanten Informationen und Stellteile sollten so platziert werden, dass sie im Blickfeld liegen. Am Bearbeitungszentrum muss beispielsweise der Bearbeitungsplatz zur Beobachtung entsprechend platziert sein (vgl. Abbildung 26). In diesem Abschnitt werden die Begriffe Sehachse, Sehentfernung und Blickfeld erläutert, es wird Bezug genommen auf peripheres und zentrales Sehen sowie auf die Bedeutung von unterschiedlichen Sehbereichen.

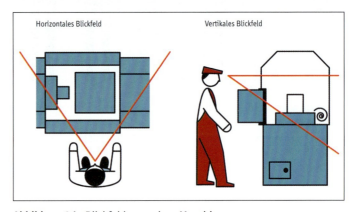

Abbildung 26: Blickfelder an einer Maschine

a) Sehachse

Die Sehachse (auch Blicklinie) ist die gedachte Verbindungslinie zwischen einem fixierten Objekt und dem Mittelpunkt der Netzhautgrube (Verbindung fixiertes Objekt – mechanischer Augendrehpunkt). Sie ist körperhaltungsabhängig und ergibt sich aus der Auslenkung des Kopfes und der Augen gegenüber der Horizontalen.

Die folgenden Werte gelten für die Normallage der Sehachse im Stehen und im Sitzen:

- Augenauslenkung in Ruhelage: ca. 10°–15° gegenüber der Waagerechten
- Neigung des entspannten Kopfes im Stehen: 15°–20°
- Neigung des entspannten Kopfes im Sitzen: ca. 25°

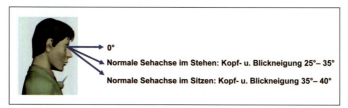

Abbildung 27: Sehachse

Die Blicklinie soll nach Möglichkeit senkrecht auf die Betrachtungsebene treffen, um visuelle Belastungen zu minimieren.

b) Sehentfernung

Akkommodation ist die Fähigkeit des Auges, sich auf unterschiedliche Sehentfernungen einzustellen. Die Akkommodationskraft lässt mit dem Alter nach. Sie wird durch den Kehrwert des maximal möglichen Nahpunktabstands (in m) in Dioptrien ausgedrückt.

20-Jährige verfügen etwa über eine Akkommodationskraft von 10 Dioptrien, was aussagt, dass sie bis auf eine Nähe von 0,1 m scharf sehen können (1 m/0,1 m = 10 Dioptrien). Im Gegensatz dazu beträgt die durchschnittliche Akkommodationskraft für 50-Jährige lediglich noch etwa 2 Dioptrien. Der Nahpunkt liegt dementsprechend schon bei 0,5 m.

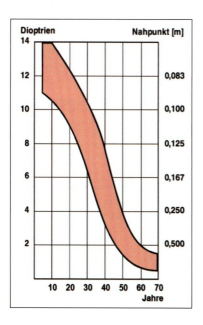

Abbildung 28: Abnahme der Akkommodationskraft in Dioptrien und Zunahme des maximal möglichen Nahpunktabstandes mit dem Lebensalter (Hettinger & Wobbe, 1993)

Neben dem individuellen Sehvermögen hängt die Sehentfernung von folgenden Faktoren ab:

- der Art der Sehaufgabe,
- der Beleuchtungsstärke,
- Größe, Form, Farbe des Sehobjekts,
- Struktur (Textur), Kontrast der Sehobjektumgebung.

Abbildung 29 zeigt den qualitativen Einfluss dieser Faktoren auf die Sehentfernung.

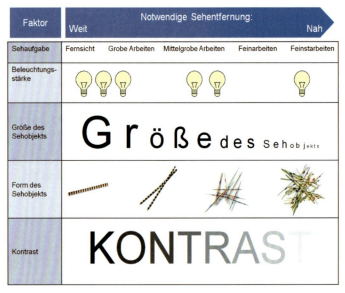

Abbildung 29: Einflussgrößen auf die Sehentfernung in qualitativer Form

Sehaufgabe und Beleuchtungsstärke

Die Beleuchtungsstärke ist das Maß für die Intensität des auf einer beleuchteten Fläche auftreffenden Lichtstroms. Sie wird in Lux angegeben. Tabelle 2 nennt einige Beispiele, um die Größe besser einordnen zu können.

Tabelle 2: Beispiele für Beleuchtungsstärken (Lange & Windel, 2009)

Beleuchtung	Beleuchtungsstärke in Lux	Bemerkung
Klare Neumondnacht	0,01	Orientierung möglich
Licht vom Vollmond	0,24	Lesen möglich
Nächtliche Straßenbeleuchtung	1–50	Beginn der Farbunterscheidung
Arbeitsbeleuchtung	200–2000	
Sonnenschein am Sommermittag	Bis 100 000	Absolutblendung

Sowohl für die Sehentfernung als auch für die Beleuchtungsstärke gibt es Richtwerte für verschiedene Sehaufgaben. Angaben für die Sehentfernung lassen sich in der Kleinen Ergonomischen Datensammlung (Lange & Windel, 2009) finden, die DIN EN 12464-1:2011-08 führt Anforderungen an die Beleuchtung auf. Tabelle 3 fasst wesentliche Aussagen beider Quellen zusammen.

Tabelle 3: Sehentfernungen und Beleuchtungsanforderungen in Abhängigkeit der Sehaufgabe nach Lange und Windel (2009) und DIN EN 12464-1:2011-08

Art der Sehaufgabe	Beispiel	Sehentfernung in cm nach Lange und Windel	Wartungswert der Beleuchtungsstärke in Lux nach DIN EN 12464-1
Feinstarbeiten	Uhrmacherei (Handarbeit)	12–25	1500
	Elektroindustrie: sehr feine Montagearbeiten wie Messinstrumente		1000
Feinarbeiten	Elektroindustrie: feine Montagearbeiten wie Telefone	25–35 (meist 30–32)	750
Mittelgrobe Arbeiten	Feine Maschinenarbeiten	bis 50	500
Grobe Arbeiten	Grobe Maschinenarbeiten	50–150	300
Fernsicht	Fahrzeugnutzung auf Verkehrsflächen und Fluren	über 150	150

Größe des Sehobjekts

Abbildung 30 gibt die geometrische Beziehung zwischen der Größe des Sehobjekts und der Sehentfernung wieder.

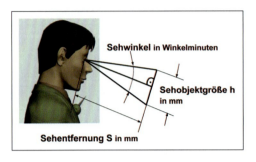

Abbildung 30: Geometrische Beziehung zwischen Sehobjektgröße und Sehentfernung

Die Beziehung lässt sich durch folgende Formel beschreiben:

$h = 2 \times S \times \tan(0{,}5\,\alpha)$

Der Sehwinkel α beschreibt, unter welchem Winkel ein Objekt bei gegebener Ausdehnung und Entfernung erscheint. Sein Scheitel liegt am Auge und seine Schenkel schließen das Sehobjekt ein.

c) Sehbereiche

In Abhängigkeit davon, ob Augen und/oder Kopf bewegt werden, ergeben sich verschiedene Sehbereiche für den Menschen. Es wird zwischen folgenden drei grundsätzlichen Bereichen unterschieden:

- Gesichtsfeld
- Blickfeld
- Umblickfeld

Bei allen Bereichen muss zwischen monokularem und binokularem Sehen unterschieden werden. Die im Folgenden angegebenen Werte beziehen sich auf das binokulare Sehen.

Gesichtsfeld:

Das Gesichtsfeld ist der visuelle Wahrnehmungsbereich bei unbewegtem Kopf und unbewegten Augen. Plötzlich in der Peripherie auftauchende neue Objekte sowie sich bewegende vorhandene Objekte werden wahrgenommen.

Der Raum, in dem scharf gesehen werden kann, ist im Vergleich zu dem gesamten Gesichtsfeld relativ klein und bildet einen Kegel von ca. 1° Sehwinkel.

Außerhalb dieses kleinen Bereichs werden nur noch starke Kontraste und Bewegungen der Sehobjekte wahrgenommen. Es ist zu beachten,

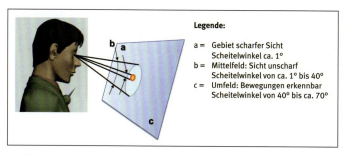

Abbildung 31: Schematische Darstellung des zentralen und peripheren Sehens (Grandjean, 1991)

dass die maximale Ausdehnung des Gesichtsfelds interindividuell verschieden ist. Im Gesichtsfeld sind diejenigen Sehobjekte anzuordnen, die gleichzeitig überwacht werden müssen.

Im Gegensatz zum Gesichtsfeld, welches über den Wahrnehmungsbereich definiert wird, ist für das Blickfeld der Sehbereich ausschlaggebend, der vom Menschen fixiert werden kann.

Blickfeld:

Im Blickfeld können bei ruhendem Kopf und bewegten Augen die Sehobjekte nacheinander fixiert werden.

Das so definierte maximale Blickfeld wird allerdings vom Menschen in der Regel nicht genutzt, da der Kopf bei großen Winkeln bereits unbewusst mit in die Bewegung einbezogen wird. Das optimale Blickfeld umfasst dagegen einen Winkel von ± 15° (vgl. Abbildung 32). Dies ist

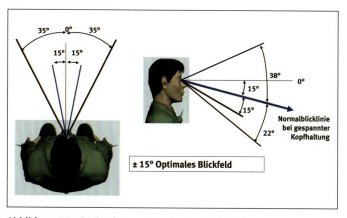

Abbildung 32: Optimales und maximales Blickfeld

bei der Gestaltung zu beachten; wichtige Anzeigen sind dementsprechend im optimalen Blickfeld zu positionieren.

Das um Kopfbewegungen erweiterte Blickfeld bezeichnet man als Umblickfeld.

Umblickfeld:

Das Umblickfeld ist der bei ruhendem Körperrumpf, bewegtem Kopf und bewegten Augen fixierbare Raumsektor des Sehraumes.

In diesem Bereich sind Objekte anzuordnen, die in häufigem Wechsel nacheinander anzublicken sind.

Abbildung 33 gibt einen Überblick über die Ausdehnung der verschiedenen Bereiche.

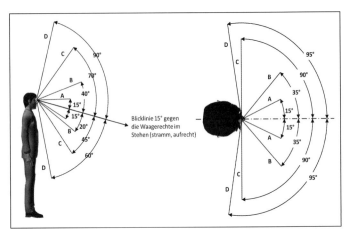

Abbildung 33: Sehbereiche (Hettinger & Wobbe, 1993)

In Tabelle 4 werden die Definitionen und Grenzen der drei vorgestellten Sehbereiche zusammengefasst.

Tabelle 4: Zusammenfassung Sehbereiche

Sehbereich	Definition	Grenzen horizontal	Grenzen vertikal
Gesichtsfeld	Visueller Wahrnehmungsbereich bei unbewegtem Kopf und Auge	± 90°	−45° bis + 70°
		Fortsetzung auf der nächsten Seite	

MASSLICHE GESTALTUNG

Sehbereich	Definition	Grenzen horizontal	Grenzen vertikal
Blickfeld	Bereich, in dem bei fester Kopfhaltung und bewegten Augen Gegenstände fixiert werden können	maximal: ± 35° optimal: ± 15°	maximal: −20° bis + 40° optimal: −15° bis + 15°
Umblickfeld	Bei ruhendem Körperrumpf, bewegtem Kopf und bewegten Augen fixierbarer Raumsektor	± 95°	−60° bis + 90°

Funktionsmaße 2.3

Die richtige Auslegung von Arbeitsbereichen an Maschinen bzw. Arbeitsplätzen mit und an Maschinen ist essenziell für die sichere und ergonomisch richtige Bedienung. Unzureichende Sicherheitsabstände oder zu große Durchlassmaße (z. B. bei Gittern) können zu Unfällen führen. Nicht ergonomisch ausgelegte Maschinen und Arbeitsplätze können durch hervorgerufene Zwangshaltungen bei der täglichen Arbeit arbeitsbedingte Beschwerden (insbesondere Muskel-Skelett-Erkrankungen) oder gar Berufskrankheiten hervorrufen. Deshalb wird an dieser Stelle auf Greif- und Wirkräume, Körperfreiräume, Sicherheitsabstände, Maximal- und Minimalabstände und verschiedene Arbeitsplatztypen eingegangen.

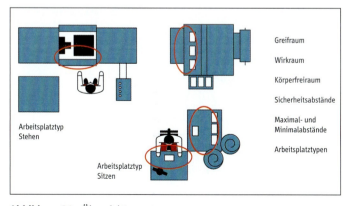

Abbildung 34: Übersicht

2.3.1 Wirkraum und Greifraum des Hand-Arm-Systems

Der Wirkraum des Hand-Arm-Systems kennzeichnet den Raumsektor, in dem der Mensch bei unbewegtem Oberkörper berühren, greifen und bewegen kann. Er wird begrenzt durch:

- die Körperhaltung,
- den Bewegungsumfang der Gelenke,
- die Richtung von Bewegungen und Kräften,
- die verwendeten Arbeitsmittel,
- die Notwendigkeit, nicht aus dem Gleichgewicht zu kommen, und
- die reduzierte Bewegungsmöglichkeit bei großer Muskelanspannung.

Obwohl der Wirkraum des Hand-Arm-Systems im Stehen größer ist als im Sitzen, wird normalerweise bei seiner Auslegung nicht nach sitzender oder stehender Körperhaltung unterschieden.

Von oben gesehen beschreiben die Bewegungsbahnen beider Arme zwei versetzte Ellipsen, wobei verschiedene Bereiche voneinander abgrenzbar sind, die durch das Hand-Arm-System in unterschiedlicher Weise erreicht werden können. Während die Abmessungen des Wirkraums des Hand-Arm-Systems durch die gestreckte Hand bestimmt werden, wird der Greifraum über die Hand in Greifstellung definiert.

Es wird zwischen dem anatomisch maximalen, dem physiologisch großen und dem physiologisch kleinen Greifraum unterschieden. Dabei

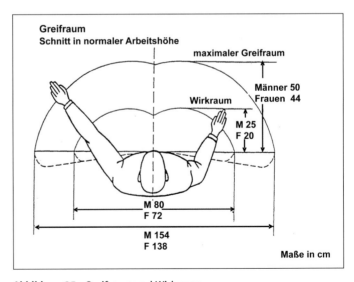

Abbildung 35: Greifraum und Wirkraum

wird nach den jeweiligen Geschlechtern Frauen (F) und Männer (M) differenziert. Als weiteres Kürzel werden die jeweilig statistischen Größenverteilungen, wie das 5. und 95. Perzentil, zur Kennzeichnung eines Gestaltungsbereiches herangezogen. In der Regel reicht dieser vom 5. Perzentil Frau (F 5) bis zum 95. Perzentil Mann (M 95).

Abbildung 36 gibt einen Überblick über die drei verschiedenen Greifräume.

Die drei Bereiche sind dadurch voneinander abgrenzbar, dass sie durch das Hand-Arm-System in unterschiedlicher Weise erreichbar sind. Der größte Bereich ist der anatomisch maximale Greifraum.

1: Physiologisch kleiner Greifraum
2: Physiologisch großer Greifraum
3: Anatomisch maximaler Greifraum

Abbildung 36: Drei Greifräume nach Hettinger und Wobbe (1993)

Anatomisch maximaler Greifraum:

Der anatomisch maximale Greifraum kann von der Hand in Greifstellung bei unbewegtem Oberkörper mit maximal ausgestreckten Armen unter Mitbewegung des Schultergelenks umfahren werden.

Ein derartiges Maximum kann allerdings bei häufigen Bewegungen nicht abverlangt werden, ohne Muskelermüdungen zu verursachen. Des Weiteren steigt in den Randlagen des Ellbogengelenks der Gelenkwiderstand überproportional an, und mit zunehmendem Alter wird eine komplette Streckung des Unterarms auf 180° immer weniger möglich (Hettinger & Wobbe, 1993).

Bei Bewegungen innerhalb des physiologisch großen Greifraums wird das vorhandene anatomische Leistungspotenzial nicht vollständig ausgenutzt. Es treten dementsprechend nicht so hohe Beanspruchungen auf.

Physiologisch großer Greifraum:

Die Grenzen des physiologisch großen Greifraums ergeben sich bei unbewegtem Oberkörper und unbewegtem Schultergelenk. Die Arme sind weitgehend ausgestreckt. Dieser Bereich des Greifraums ist für die praktische Anwendung von hoher Bedeutung und ungefähr 10 % kleiner als der anatomisch maximale Greifraum.

Dieser Greifraum ist besonders gut für das Arbeiten im Stehen und bei Entfaltung großer Körperkräfte in einem weiten Arbeitsbereich geeignet.

Für zielgerichtete, feinmotorische Bewegungen ist ein Arbeiten mit angewinkelten Unterarmen günstiger.

Physiologisch kleiner Greifraum:

Die Grenzen des physiologisch kleinen Greifraums ergeben sich bei unbewegtem Oberkörper und unbewegtem Schultergelenk bis zur Greifhandmitte, wobei die Oberarme entspannt herabhängen und die Unterarme abgewinkelt sind.

Es wäre unzulässig, den kleinen Greifraum als optimal zu bezeichnen, da nach biomechanischen Überlegungen aus einer stark gebeugten Armhaltung weniger große Körperkräfte erzeugt werden können.

Für die maßliche Gestaltung des Greifraums ist der kleinste Nutzer ausschlaggebend. Er sollte dementsprechend im Normalfall nach dem 5. Perzentil Frau dimensioniert werden, um sicherzustellen, dass alle Nutzer die notwendigen Arbeitsmittel erreichen können. Um die körperliche Belastung des Nutzers möglichst gering zu halten, sollten alle

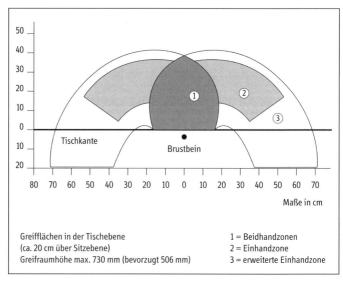

Abbildung 37: Zonen der Greiffläche in Anlehnung (Lange & Windel, 2009)

Massliche Gestaltung

Werkstücke, Werkzeuge, Bedienelemente und Materialbehälter innerhalb des physiologisch großen Greifraums positioniert sein. Für häufig wiederkehrende Bewegungen sollte dementsprechend in der Regel der physiologisch kleine Greifraum bevorzugt werden.

Die horizontale Greiffläche kann in vier Zonen eingeteilt werden, die sich in ihren Voraussetzungen für Bewegungsabläufe und in den auftretenden Belastungen grundsätzlich unterscheiden.

Den Zonen lassen sich folgende Merkmale zuweisen:

Zone 1 – Beidhandzone:
In dem Arbeitszentrum befinden sich beide Hände im Blickfeld und können alle Orte dieser Zone erreichen. Hier finden Montagearbeiten statt.

Zone 2 – Einhandzone:
In der Einhandzone werden Gegenstände positioniert, die einhändig gegriffen und zumeist auch einhändig bedient werden.

Zone 3 – erweiterte Einhandzone:
Die Grenzen der erweiterten Einhandzone stellt die äußerste nutzbare Position für Greifbehälter dar.

Der Greifraum in der Vertikalen wird in der folgenden Abbildung am Beispiel einer Schalttafel dargestellt:

Das Bedienfeld an einer Tafel wird bei Zugrundelegung einer aufrechten Bedienung nach unten durch die Greifweite des großen Mannes, nach oben durch die Greifweite der kleinen Frau begrenzt. Tieferes Greifen ist für die kleine Frau bequem möglich, für den großen Mann durch leichtes Beugen gewährleistet.

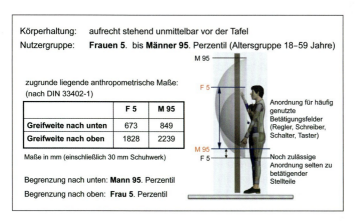

Abbildung 38: Beispiel für die Bestimmung der oberen und unteren Betätigungsgrenzen einer Schalttafel

2.3.2 Wirkraum des Fuß-Bein-Systems

Dieser Wirkraum beschreibt den Raumsektor, in dem Stellteile ohne Änderung der Körperstellung mit den Füßen erreicht werden können; es sollten hier dementsprechend Bedienelemente positioniert werden, die von dem Fuß-Bein-System zu betätigen sind. Eine Unterscheidung zwischen stehender und sitzender Körperhaltung ist notwendig.

In Abbildung 39 wird der Wirkraum für stehende und sitzende Körperhaltung dargestellt.

Die Auslegung muss wie beim Greifraum auch nach dem kleinsten Nutzer erfolgen. In der Regel ist also das 5. Perzentil Frau für die maßliche Gestaltung des Wirkraums ausschlaggebend, damit sämtliche Nutzer alle Stellteile bequem und beschwerdefrei erreichen können.

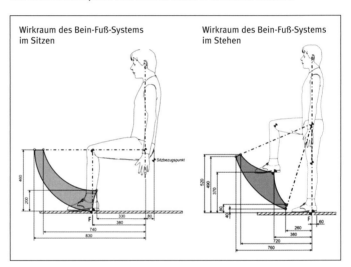

Abbildung 39: Wirkraum des Bein-Fuß-Systems im Sitzen und im Stehen (nach Kirchner und Baum (1990))

2.3.3 Körperfreiraum

Bei der Gestaltung von Produkten und Arbeitsplätzen ist neben der Erreichbarkeit und Sichtbarkeit von Stellteilen und Anzeigen auch darauf zu achten, dass dem Nutzer genügend Bewegungsraum für Arbeits- und Ausgleichsbewegungen zur Verfügung stehen. Ausschlaggebend für die Dimensionierung dieser Außenmaße ist der größte Nutzer; deswegen ist die Bemessungsgrundlage das 95. Perzentil der Nutzergruppe.

Die DIN 33402-3:1984-10 enthält Körperumrisslinien für das Perzentil M 95 in den Grundstellungen „Stehen", „Sitzen", „Knien" und „Liegen auf dem Rücken" sowie Hüllkurven der bei diesen Körperhaltungen möglichen Bewegungen verschiedener Körperteile. In Abbildung 40 werden die entsprechenden Zeichnungen zusammenfassend dargestellt.

In Abbildung 41 werden Richtmaße für den Freiraum für das Arbeiten im Sitzen dargestellt nach DIN 33406:1988-07.

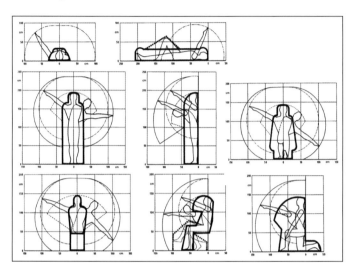

Abbildung 40:
Bewegungsräume
(DIN 33402-3:1984)

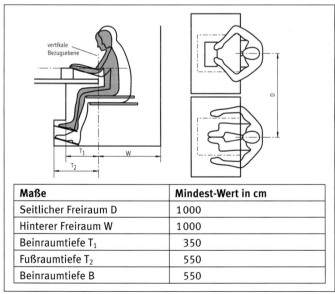

Maße	Mindest-Wert in cm
Seitlicher Freiraum D	1 000
Hinterer Freiraum W	1 000
Beinraumtiefe T_1	350
Fußraumtiefe T_2	550
Beinraumtiefe B	550

Abbildung 41:
Mindestmaße für den Freiraum für Sitzarbeitsplätze
(DIN 33406:1988-07)

2.3.4 Sicherheits-, Maximal- und Mindestabstände

Das räumliche Zusammentreffen von Menschen und Gefahrstellen lässt sich durch geometrische Gestaltungsmaßnahmen beeinflussen. Dabei ist vor allen Dingen der Zusammenhang zwischen den menschlichen Körpermaßen und den Abmessungen des Gestaltungsobjekts ausschlaggebend.

Es kann zwischen drei Arten von Sicherheitsmaßen unterschieden werden:

- Sicherheitsabstände zu Gefahrstellen,
- Maximalmaße von Öffnungen und
- Mindestabstände in Gefahrstellen.

Sicherheitsabstände zu Gefahrstellen

Sicherheitsabstände sind zahlenmäßig so festgelegt, dass Personen sie nicht überwinden können, um auf diese Weise die Zugänglichkeit bzw. die Erreichbarkeit von Gefahrstellen zu vermeiden. Sie setzen sich aus den jeweiligen Reichweiten und Sicherheitszuschlägen zusammen. Bei ihrer Festlegung sind grundsätzlich die Reichweiten des größten in Frage kommenden Nutzers (99. Perzentil) maßgebend.

Die Internationale Norm DIN EN ISO 13857:2008-06 berücksichtigt anthropometrische Daten und gibt für hohe und geringe Risiken, die von Gefahrstellen ausgehen, unterschiedliche Sicherheitsabstände vor. Es werden Angaben für die oberen und die unteren Gliedmaßen für eine Altersgruppe ab 14 Jahren zur Verfügung gestellt. Abbildung 42 zeigt als Beispiel die Werte für den Sicherheitsabstand der Norm beim Hinaufreichen.

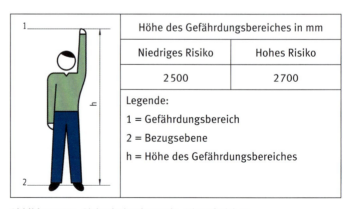

Abbildung 42: Sicherheitsabstände: Hinaufreichen
(Norm DIN EN ISO 13857:2008-06; Abschnitt 4.2)

Maximalmaße von Öffnungen

Beim Hindurchreichen durch Öffnungen gilt folgender Grundsatz: Je größer die Öffnung, umso weiter kann der Nutzer mit größeren – oder auch längeren – Gliedmaßen hindurchgreifen. Dementsprechend größer muss also der Sicherheitsabstand zwischen Öffnung und Gefahrstelle sein, um sie nicht erreichen zu können (Neudörfer, 2005).

Es gibt also einen Zusammenhang zwischen dem im vorangegangenen Abschnitt vorgestellten Sicherheitsabstand und der Abmessung von Öffnungen. Während für die Bemessung des Sicherheitsabstands der größte Nutzer ausschlaggebend ist, ist für die Bestimmung der Öffnungsweite der kleinste Nutzer maßgebend. Die DIN EN ISO 13857:2008-06 stellt Öffnungsweiten e in Abhängigkeit des Sicherheitsabstands s_r zur Verfügung. Für die oberen Gliedmaßen finden sich Angaben für Personen ab 14 Jahre (siehe Abbildung 43) und Personen ab 3 Jahre, für die unteren Gliedmaßen bleibt es bei Werten für die Altersgruppe ab 14 Jahre.

Durch die Einhaltung von Mindestabständen in Gefahrstellen können Körperteile nicht mehr erfasst werden. Die Gefahrstelle ist zwar nach wie vor vorhanden, hat aber ihre destruktive Wirkung verloren.

Maße in Millimeter

Körperteil	Bild	Öffnung	Sicherheitsabstand s_r		
			Schlitz	Quadrat	Kreis
Fingerspitze		$e \leq 4$	≥ 2	≥ 2	≥ 2
		$4 < e \leq 6$	≥ 10	≥ 5	≥ 5
Finger bis Fingerwurzel		$6 < e \leq 8$	≥ 20	≥ 15	≥ 5
		$8 < e \leq 10$	≥ 80	≥ 25	≥ 20
		$10 < e \leq 12$	≥ 100	≥ 80	≥ 80
		$12 < e \leq 20$	≥ 120	≥ 120	≥ 120
Hand		$20 < e \leq 30$	$\geq 850^a$	≥ 120	≥ 120
Arm bis Schultergelenk		$30 < e \leq 40$	≥ 850	≥ 200	≥ 120
		$40 < e \leq 120$	≥ 850	≥ 850	≥ 850

Die fetten Linien in der Tabelle zeigen das Körperteil, das durch die Größe der Öffnung eingeschränkt wird.

[a] Ist die Länge einer schlitzförmigen Öffnung ≤ 65 mm, wirkt der Daumen als Begrenzung, und der Sicherheitsabstand kann auf 200 mm reduziert werden.

Abbildung 43: Öffnungsweiten e und Sicherheitsabstände s_r in mm für Personen ab 14 Jahre (Norm DIN EN ISO 13857:2008-06; Abschnitt 4.2.4; Tabelle 4), Mindestabstände in Gefahrstellen

Die DIN EN 349:2008-09 legt Mindestabstände in Abhängigkeit von Teilen des menschlichen Körpers fest, um Gefährdungen an Quetschstellen zu vermeiden. Abbildung 44 zeigt die in der Norm festgelegten Werte.

Maße in mm

Körperteil	Mindestabstand a	Bild
Körper	500	
Kopf (ungünstigste Haltung)	300	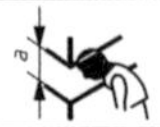
Bein	180	
Fuß	120	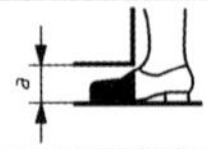
Zehen	50	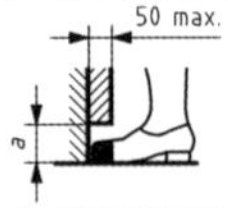 50 max.
Arm	120	
Hand Handgelenk Faust	100	
Finger	25	

Abbildung 44: Werte für Mindestabstände, um das Quetschen von Körperteilen zu vermeiden (Norm DIN EN 349:2008-09; Abschnitt 4.2; Tabelle 1)

2.3.5 Arbeitsplatztypen

Durch Maschinen werden z. B. bei Einlegetätigkeiten Arbeitsplätze gebildet. Je nach Ausprägung wird in Sitz-, Steh-Sitz- und Steharbeitsplätze differenziert (siehe Abbildung 45).

Sitzarbeitsplatz:

- feste Arbeitshöhe nach größtem Nutzer der Nutzergruppe
- Bezugsgröße für Arbeitshöhe über Sitzfläche: Handhöhe
- Anhebung kleinerer Nutzer über verstellbare Sitzhöhen
- Gewährleistung Bodenkontakt über Fußstützen

Optimale Auslegung eines Sitzarbeitsplatzes:

Arbeitshöhe und Sitzhöhe variabel nach dem größten und kleinsten Nutzer der Nutzergruppe über Verstellbarkeit der Abmessungen auslegen.

Steh-Sitzarbeitsplatz:

Ermittlung der Arbeitshöhe wie für Steharbeitsplatz (siehe Abbildung 46).

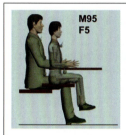 

Sitzarbeitsplatz		Steh-Sitzarbeitsplatz
feste Tischhöhe nach M95 variable Sitzhöhe und Fußstütze	variable Tischhöhe variable Sitzhöhe	gemittelte feste Tischhöhe nach M50/F50 Variable Sitzhöhe Variable Fußstütze

Abbildung 45: Sitz- und Steh-Sitzarbeitsplätze

	Steharbeitsplatz	
Feste Tischhöhe Variable Stehhöhe ⇨ Podest	variable Tischhöhe	gemittelte feste Tischhöhe nach M50/F50

Abbildung 46: Steharbeitsplätze

Steharbeitsplatz

Optimale Variante:

- Arbeitshöhe höhenverstellbar zur Anpassung an den individuellen Nutzer
- Verstellbereich mindestens nach den Nutzergruppengrenzperzentilen dimensionieren (kleine Frau bis großer Mann)

Weitere Varianten:

Auslegung der Arbeitshöhe nach dem größten Nutzer der Nutzergruppe	Gemittelte Arbeitshöhe
Anpassung kleinerer Nutzer über variable Podesthöhe (z. B. gestuftes Podest) Anwendung nur dort möglich und sinnvoll: - wo über einen längeren Zeitraum an einem Ort gestanden wird (z. B. Beschickung einer Maschine mit Anordnung von Behältern etc. ebenfalls auf dem Podest) - wo das Podest so groß ist, dass keine Stolper- bzw. „Absturz"gefahr besteht - wo eher sehr kleine Nutzer durch diese Höhenanpassung günstigere Handlungsausführungen erhalten	durchschnittliche Arbeitshöhe als Kompromiss aus 5. Perzentil Frau/ 95. Perzentil Mann oder aus 95. Perzentil Frau/ 5. Perzentil Mann (da 95. Perzentil Frau = 50. Perzentil Mann und 5. Perzentil Mann = 50. Perzentil Frau)

In der DIN 33406:1988-07 lassen sich Anleitungen für die Berechnung von Arbeitsplatzmaßen finden. Die Norm gilt als Arbeitshilfe für die Auslegung von Arbeitsplätzen im Produktionsbereich (z. B. Maschinen- oder Montagearbeitsplätze) und lässt sich anwenden für Höhen-, Breiten- und Tiefenmaße von Arbeitsplätzen, an denen im Sitzen und/oder Stehen gearbeitet wird.

Arbeitsplatzmaße werden dafür in aufgabenunabhängige und aufgabenabhängige Maße eingeteilt (vgl. Abbildung 47).

Die aufgabenunabhängigen Maße werden in der Norm für die drei Arbeitsplatzformen (Sitzarbeitsplatz, Steharbeitsplatz, Sitz-/Steharbeitsplatz) in Form von Mindestwerten zur Verfügung gestellt.

Von den aufgabenabhängigen Maßen sind die Arbeitsstellenhöhe und das Konstruktionsmaß durch Arbeitsmittel, Arbeitsverfahren und Arbeitsgegenstände vorgegeben. Die Werte für die Arbeitshöhe, den Oberschenkelfreiraum und den Unterschenkelfreiraum richten sich nach der Benutzergruppe. Tabelle 5 gibt beispielhaft einen Überblick über die in der Norm aufgeführten Richtmaße für die Arbeitshöhe in Abhängigkeit der auszuführenden Tätigkeit.

MASSLICHE GESTALTUNG

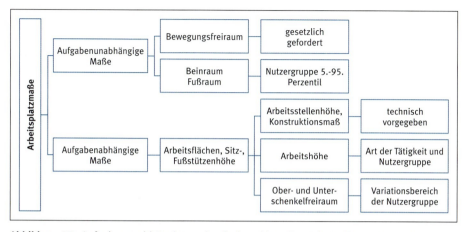

Abbildung 47: Aufgabenunabhängige und aufgabenabhängige Arbeitsplatzmaße nach DIN 33406:1988-07; Abschnitt 4

Tabelle 5: Richtmaße für Arbeitshöhen im Sitzen und im Stehen nach DIN 33406:1988-07; Abschnitt 4

Arbeits-anforderungen	Beispiele	Arbeitshöhe [mm]							
		sitzend				stehend			
		P 5		P 95		P 5		P 95	
		F	M	F	M	F	M	F	M
Hohe Anforderungen an: visuelle Kontrolle, feinmotorische Koordination	Justagearbeiten visuelle Kontrolltätigkeiten Montieren kleinster Einzelteile	400	450	500	550	1100	1200	1250	1350
Mittlere Anforderungen an: visuelle Kontrolle, feinmotorische Koordination	Verdrahtungsarbeiten Montieren kleiner Teile mit geringem Kraftaufwand	300	350	400	450	1000	1100	1150	1250
Geringe Anforderungen an: visuelle Kontrolle, Hohe Anforderungen an die Bewegungsfreiheit der Arme	Sortierarbeiten Verpackungsarbeiten Montieren schwerer Werkstücke mit erhöhtem Kraftaufwand	250		350		900	1000	1050	1150

2.4 Vorgehensweisen und Gestaltungsmethoden

Um Arbeitsplätze und Produkte so auslegen zu können, dass unterschiedliche Körpermaße des Menschen (z. B. Körperhöhen und Augenhöhe) berücksichtigt werden und somit optimale Arbeitsplatz- und Produktmaße für die Handhabung (am Bearbeitungszentrum z. B. Arbeitshöhen, Greiftiefen und Blickfelder) erreicht werden, gibt es die in der folgenden Abbildung aufgeführten wesentlichen Hilfsmittel (siehe Abbildung 48).

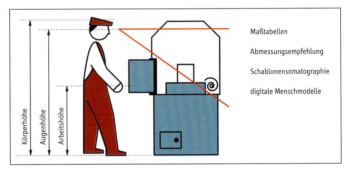

Abbildung 48: Beispiele maßlicher Auslegungen einer Maschine

Vorgehensweise

Für den Gestaltungsprozess empfiehlt sich die in der Abbildung 49 enthaltene Vorgehensweise.

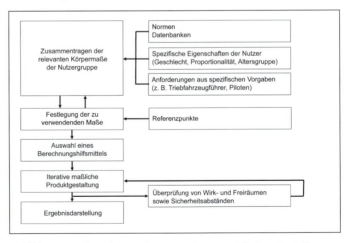

Abbildung 49: Vorgehensweise zur anthropometrischen Gestaltung von Maschinen

Referenzpunkte

Um einheitliche Orientierungs- und Ausgangspunkte für die Konstruktion und Positionierung von Sitzen, Stellteilen und Anzeigen zu haben, gibt es orientierende bzw. standardisierte, jedoch branchenabhängig unterschiedliche Referenzpunkte.

- **H-Punkt (Hüftpunkt)**
Punkt auf der Medianebene des Menschen, der im theoretischen Schnittpunkt der Torsoachse und der auf die Ebene projizierten Oberschenkellängsachse liegt.

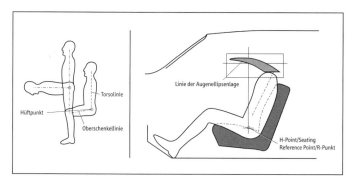

Abbildung 50: H-Punkt aus DIN 70020-1:1993-02 Straßenfahrzeug – Kraftfahrzeugbau – Begriffe von Abmessungen

- **R-Punkt**
Der R-Punkt ist der durch den Fahrzeughersteller festgelegte Sitzreferenzpunkt. Er liegt bei einer festgelegten Einstellung des Fahrersitzes sowie einer bestimmten Torsoneigung im H-Punkt.

- **SIP-Sitzindexpunkt (Seat Index Point)**
Punkt in der mittleren, senkrechten Längsachse des Sitzes, an dem sich die theoretischen Achsen des menschlichen Oberkörpers und Oberschenkels schneiden. Der SIP ist auf den Sitz bezogen, der H-Punkt bezieht sich auf den Menschen.

- **Augenbezugspunkt DEP (Design Eye Point)**
Der DEP bzw. ERP (Eye Reference Point) ist der Augenreferenzpunkt, der notwendig ist, wenn die Sehaufgabe das Hauptkriterium ist (z. B. bei Pilotensitzen).

In der Abbildung 51 wird der Zusammenhang für den SIP beispielhaft gezeigt.

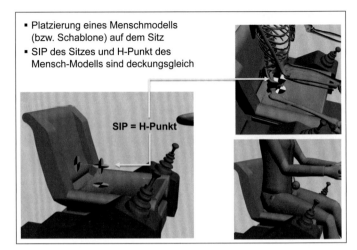

- Platzierung eines Menschmodells (bzw. Schablone) auf dem Sitz
- SIP des Sitzes und H-Punkt des Mensch-Modells sind deckungsgleich

Abbildung 51: Beispiel für Sitzindex- und H-Punkt bei einer Baumaschine

Maßtabellen

In den Maßtabellen für die zeichnerische Darstellung der menschlichen Gestalt in der DIN 33402 sind Körpermaße für bestimmte Körpergrößenklassen angegeben. Bei der praktischen Nutzung muss mit Bekleidungszuschlägen (z. B. Absatzhöhe) gearbeitet werden. Ggf. sind auch Gelenke zu Gelenke-Maße notwendig (vgl. DIN EN ISO 3411)

Abmessungsempfehlungen:

In der DIN 33406:1988-07; Abschnitt 4.2 sind konkrete Maßempfehlungen für den Produktionsbereich zusammengefasst (siehe Abbildung 52).

Schablonensomatographie

Ein Hilfsmittel, welches bei der Gestaltung von Arbeitsplätzen zum Einsatz kommt, sind Körperumrissschablonen. Neben der Verwendung als Zeichen- und Konstruktionshilfe für die Auslegung neu zu konzipierender Arbeitsplätze und Produkte können die Schablonen auch für die Überprüfung und Bewertung bereits vorhandener Arbeitsplätze dienen. Die Schablonen zeigen die menschliche Gestalt in der Seitenansicht, in der Vorderansicht und in der Draufsicht. Für die Gestaltungsarbeit müssen dementsprechend Zeichnungen in drei Ansichten vorliegen, in die mit Hilfe der Schablonen die menschliche Gestalt eingezeichnet werden kann. Die nach einem Hersteller bezeichneten „Bosch-Schablonen" (vgl. Abbildung 53) stehen für vier markante Körperhöhen zur

MASSLICHE GESTALTUNG

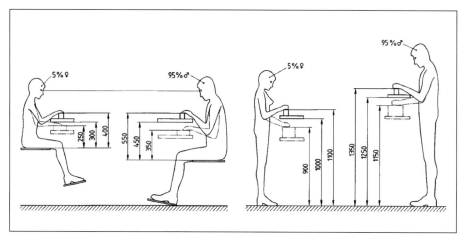

Abbildung 52: Standardmaße für einen Produktionsarbeitsplatz (Norm DIN 33406:1998-07; Abschnitt 4.2; Bild 5)

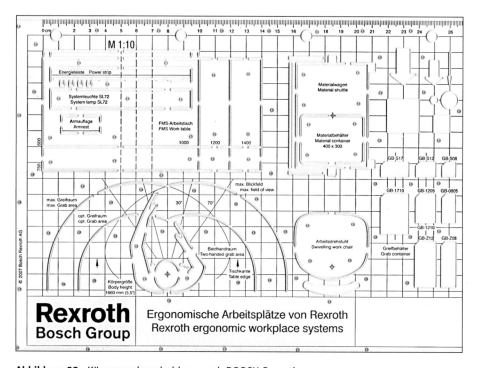

Abbildung 53: Körperumrissschablone nach BOSCH-Rexroth

Verfügung. Ihr Umriss schließt normale Arbeitskleidung und Schuhwerk ein. Die Annahme von festen Drehpunkten für die Gelenke ermöglicht eine einfache Darstellung verschiedener Körperhaltungen.

Genaueres Arbeiten ist mit den sogenannten Kieler Puppen (DIN 33408-1: 2008-03) möglich, welche den menschlichen Körper lediglich mit Schuhen bekleidet darstellen. Sie besitzen eine detailliertere Ausarbeitung der Gelenke und berücksichtigen dabei Proportionsunterschiede von Männern und Frauen. Pro Schablonensatz werden folgende sechs Größen angeboten, die sich auf die DIN 33402-1:2008-03 beziehen:

Tabelle 6: Größen für Körperumrissschablonen
(Norm DIN 33408-1:2008-03; Abschnitt 5.6; Tabelle 1)

	Frauen			Männer		
Körpergrößen-Klassen	sehr klein	klein	groß	klein	mittel-groß	groß
Perzentil	1. [a][b]	5.	95.	5.	50.	95.
Entsprechende Körperhöhe ohne Schuhwerk	1480	1535	1720	1650	1750	1855

a Das 1. Perzentil der deutschen Frauen entspricht in den Einzelmaßen etwa dem 5. Perzentil der südeuropäischen Frauen.

b Die Körpermaße für das 1. Perzentil der deutschen Frauen sind in DIN 33402-2 nicht festgelegt.

Die Schablonen werden hauptsächlich für die Auslegung von Sitzarbeitsplätzen verwendet, Zusatzteile erlauben aber auch die Darstellung stehender Personen.

Sie sollen sowohl den anatomisch-physiologischen Gegebenheiten des Körpers gerecht werden, als auch die praktischen Anforderungen an den Umgang mit einer Schablone erfüllen. In Abbildung 54 ist die Schablone samt Gelenkwinkel in den drei Ansichten zu sehen. Die Norm gibt zudem zugehörige Einstellbereiche und relevante Anwendungshinweise für die Gelenkwinkel der Schablonen an.

Digitale Menschmodelle

Die ersten Ansätze zur Entwicklung digitaler Menschmodelle sind in den 1950er und 1960er Jahren als Digitalisierung von zweidimensionalen Anthropometrie-Schablonen zu finden. Im Gegensatz zu Körperumrissschablonen bieten digitale Menschmodelle die Möglichkeit, Körperhaltungen dreidimensional abzubilden und zu überprüfen. Die Modelle kennzeichnet ein breites Einsatzfeld, sie unterstützen den Konstrukteur

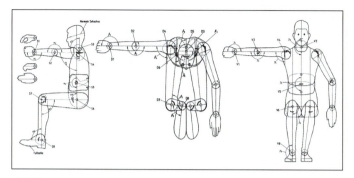

Abbildung 54: Gelenkwinkel nach dem funktionstechnischen Mess-System in Seitenansicht, Draufsicht und Vorderansicht (Norm DIN 33408-1:2008-03; Abschnitt 5.4; Bilder 1 bis 3)

als Teil eines CAD-Systems bei der ergonomischen Produktentwicklung. Im Laufe der Zeit wurden, meist vorangetrieben durch konkrete industrielle Problemstellungen, verschiedene Softwarelösungen entwickelt. Abbildung 55 zeigt einige heutzutage verwendete digitale Menschmodelle, von denen die Modelle HumanBuilder, Jack und RAMSIS aufgrund der Bedeutung und Zahl ihrer Anwender hervorgehoben sind (Mühlstedt, Kaußler, & Spanner-Ulmer, 2008).

Abbildung 55: Auswahl verschiedener Menschmodelle
(Mühlstedt, Kaußler u. Spanner-Ulmer, 2008)

Die industriell wichtigen digitalen Menschmodelle haben vielfach gemeinsame Funktionen und Eigenschaften. Aufgebaut aus einer Hüllfläche (Haut bzw. Kleidung) und einem Skelettmodell, sind sie durch Vorwärtskinematik, inverse Kinematik oder Zugriff auf eine Haltungs-Datenbank positionierbar (Mühlstedt, Kaußler, & Spanner-Ulmer, 2008). Die Modelle beinhalten anthropometrische und biomechanische Daten, bilden verschiedene nationale und internationale Körpergrößen und -proportionalitäten und lassen über Animationsmodule Interaktionen mit dem Gestaltungsobjekt zu (Kamusella, 2003). Abbildung 56 zeigt Merkmale und Einsatzbereiche für die Menschmodelle Human Builder, Jack, RAMSIS und CharAT-Ergonomics.

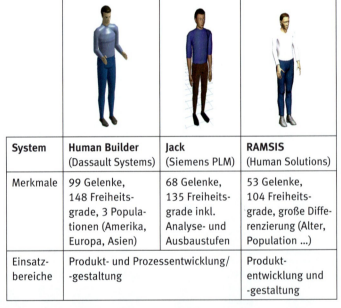

System	Human Builder (Dassault Systems)	Jack (Siemens PLM)	RAMSIS (Human Solutions)
Merkmale	99 Gelenke, 148 Freiheitsgrade, 3 Populationen (Amerika, Europa, Asien)	68 Gelenke, 135 Freiheitsgrade inkl. Analyse- und Ausbaustufen	53 Gelenke, 104 Freiheitsgrade, große Differenzierung (Alter, Population ...)
Einsatzbereiche	Produkt- und Prozessentwicklung/-gestaltung		Produktentwicklung und -gestaltung

Abbildung 56: Merkmale und Einsatzbereiche ausgewählter Menschmodelle (Mühlstedt, Kaußler u. Spanner-Ulmer, 2008)

Die Softwarelösungen bieten entweder Import-/Exportschnittstellen zu CAD-Systemen oder das Menschmodell ist als Plug-In direkt in der CAD-Software implementiert. So können Sicht- und Erreichbarkeitsanalysen, Haltungsanalysen oder auch Analysen zum Aufbringen von Kräften durchgeführt werden. In Abbildung 57 werden links oben das Sichtfeld und links unten die physischen Belastungen, welche auch mit Farbcodes am Menschmodell (rechter Arm – Rot für hohe Belastung und Nacken-Schulter-Bereich – Gelb für mittlere Belastung) visualisiert werden, dargestellt.

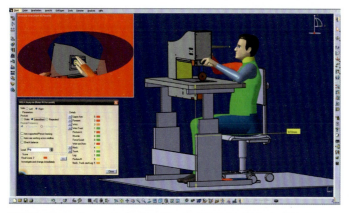

Abbildung 57: Beurteilung einer Ultraschall-Schweißmaschine mit HUMAN-Builder

Weiterführende Normen zur maßlichen Gestaltung 2.5

DIN 33402-1:2008-03   Ergonomie – Körpermaße des Menschen – Begriffe, Messverfahren

DIN 33402-2:2005-12   Ergonomie – Körpermaße des Menschen – Werte

DIN 33402-2 Beiblatt 1:2006-08   Ergonomie – Körpermaße des Menschen – Werte; Beiblatt 1: Anwendung von Körpermaßen in der Praxis

DIN 33402-3:1984-10   Ergonomie – Körpermaße des Menschen – Bewegungsraum bei verschiedenen Grundstellungen und Bewegungen

DIN 33406:1988-07   Arbeitsplatzmaße im Produktionsbereich – Begriffe, Arbeitsplatztypen, Arbeitsplatzmaße

DIN 33408-1:2008-03   Körperumriss-Schablonen für Sitzplätze

DIN 33419:1993-02   Allgemeine Grundlagen der ergonomischen Prüfung von Produktentwürfen und Industrieerzeugnissen

DIN EN 349   Sicherheit von Maschinen – Körpermaße des Menschen – Mindestabstände zur Vermeidung des Quetschens von Körperteilen; Deutsche Fassung EN 349:1993 + A:2008

DIN EN 547-1   Sicherheit von Maschinen – Körpermaße des Menschen – Teil 1: Grundlagen zur Bestimmung von Abmessungen für Ganzkörper-Zugänge an Maschinenarbeitsplätzen; Deutsche Fassung EN 547-1:1996 + A1:2008

DIN EN 547-2 Sicherheit von Maschinen – Körpermaße des Menschen – Teil 2: Grundlagen für die Bemessung von Zugangsöffnungen; Deutsche Fassung EN 547-2:1996 + A1:2008

DIN EN 547-3 Sicherheit von Maschinen – Körpermaße des Menschen – Teil 3: Körpermaßdaten; Deutsche Fassung EN 547-3:1996 + A1:2008

DIN EN 614-2 Sicherheit von Maschinen – Ergonomische Gestaltungsgrundsätze – Teil 2: Wechselwirkungen zwischen der Gestaltung von Maschinen und den Arbeitsaufgaben; Deutsche Fassung EN 614-2:2000 + A1:2008

DIN EN 1005-4 Sicherheit von Maschinen – Menschliche körperliche Leistung – Teil 4: Bewertung von Körperhaltungen und Bewegungen bei der Arbeit an Maschinen; Deutsche Fassung EN 1005-4:2005 + A1:2008

DIN EN ISO 7250-1 Wesentliche Maße des menschlichen Körpers für die technische Gestaltung – Teil 1: Körpermaßdefinitionen und -messpunkte (ISO 7250-1:2008); Deutsche Fassung EN ISO 7250-1:2010

DIN EN ISO 14738 Sicherheit von Maschinen – Anthropometrische Anforderungen an die Gestaltung von Maschinenarbeitsplätzen (ISO 14738:2002 + Cor. 1:2003 + Cor. 2:2005); Deutsche Fassung EN ISO 14738:2008

DIN EN ISO 15536-1 Ergonomie – Computer-Manikins und Körperumrissschablonen – Teil 1: Allgemeine Anforderungen (ISO 15536-1:2005); Deutsche Fassung EN ISO 15536-1:2008

DIN EN ISO 15536-2 Ergonomie – Computer-Manikins und Körperumrissschablonen – Teil 2: Prüfung der Funktionen und Validierung der Maße von Computer-Manikin-Systemen (ISO 15536-2:2007); Deutsche Fassung EN ISO 15536-2:2007

EN ISO 13857 Sicherheit von Maschinen – Sicherheitsabstände gegen das Erreichen von Gefährdungsbereichen mit den oberen und unteren Gliedmaßen (ISO 13857:2008); Deutsche Fassung EN ISO 13857:2008

ISO 15534-3:2000-02 Ergonomic design for the safety of machinery – Part 3: Anthropometric data

DIN 5566-1:2006-09 Schienenfahrzeuge – Führerräume – Teil 1: Allgemeine Anforderungen

DIN 5566-2:2006-09 Schienenfahrzeuge – Führerräume – Teil 2: Zusatzanforderungen an Eisenbahnfahrzeuge

DIN EN 70020-1:1993-02 Straßenfahrzeuge – Kraftfahrzeugbau; Begriffe von Abmessungen

DIN ISO 3958:1978-11 Straßenfahrzeuge; Personenkraftwagen, Handreichweiten des Fahrzeugführers

DIN ISO 4130:1979-04 Straßenfahrzeuge; 3-dimensionales Bezugssystem und primäre Bezugspunkte; Definitionen

ISO 6549:1999-12 Straßenfahrzeuge – Methode zur Bestimmung von H- und R-(Sitzbezugs)Punkten

DIN EN ISO 3411 Erdbaumaschinen – Körpermaße von Maschinenführern und Mindestfreiraum (ISO 3411:2007); Deutsche Fassung EN ISO 3411:2007

DIN EN ISO 5353 Erdbaumaschinen sowie Traktoren und Maschinen für Land- und Forstwirtschaft – Sitzindexpunkt (ISO 5353:1995); Deutsche Fassung EN ISO 5353:1998

DIN EN ISO 6682 Erdbaumaschinen – Stellteile – Bequemlichkeitsbereiche und Reichweitenbereiche (ISO 6682:1986, einschließlich Änderung 1:1989); Deutsche Fassung EN ISO 6682:2008

DIN EN ISO 15537 Grundsätze für die Auswahl und den Einsatz von Prüfpersonen zur Prüfung anthropometrischer Aspekte von Industrieerzeugnissen und deren Gestaltung (ISO 15537:2004); Deutsche Fassung EN ISO 15537:2004

SAE J826 Devices for Use in Defining and Measuring Vehicle Seating Accomodation

Weiterführende Literatur zur maßlichen Gestaltung 2.6

Anthropologischer Datenatlas (1986) in:
Flügel, B., Greil, H., Sommer, K. (1986): Anthropologischer Atlas. Grundlagen u. Daten

Internationaler anthropometrischer Datenatlas (1993) in:
Internationaler anthropometrischer Datenatlas. Bundesanstalt für Arbeitsschutz, Fb. 587. Wirtschaftsverlag NW, Bremerhaven. Jürgens, H. W. (1993)

Körpermesswerte des Europamenschen (1998) in:
Arbeitswissenschaftliche Erkenntnisse Nr. 108, Bundesanstalt für Arbeitsschutz und Arbeitsmedizin, Dortmund 1998

BULLINGER, H.-J. (1994): Ergonomie: Produkt- und Arbeitsplatzgestaltung. Stuttgart: Teubner.

JÜRGENS H. W.; MATZDORFF I.; WINDBERG J. (1998): Internationale anthropometrische Daten als Voraussetzung für die Gestaltung von Arbeitsplätzen und Maschinen. 1. Auflage. Bremerhaven: Wirtschaftsverlag NW Verlag für neue Wissenschaft. (Arbeitswissenschaftliche Erkenntnisse, 108).

KIRCHNER, J.-H.; BAUM, E. (1990): Ergonomie für Konstrukteure und Arbeitsgestalter. München: Carl Hanser.

KIRCHNER, A.; KIRCHNER, J.-H.; KLIEM, M.; MÜLLER, J. M. (1990): Räumlich-ergonomische Gestaltung: Handbuch. Bremerhaven: Wirtschaftsverlag NW (Schriftenreihe der Bundesanstalt für Arbeitsmedizin und Arbeitsschutz Fb. 632).

LANGE, W.; WINDEL, A. (12. Auflage, 2008): Kleine ergonomische Datensammlung. Dortmund: Bundesanstalt für Arbeitsschutz und Arbeitsmedizin.

MARTIN, H. (1994): Grundlagen der menschengerechten Arbeitsgestaltung. Handbuch für die betriebliche Praxis. Köln: Bund-Verlag

MÜHLSTEDT, J., KAUSSLER, H., SPANNER-ULMER, B. (Mai 2008). Programme in Menschengestalt: Digitale Menschmodelle für CAx- und PLM-Systeme. Zeitschrift für Arbeitswissenschaft, S. 79–86.

SACHS, S.; TEICHERT, H.-J.; RENTZSCH, M. (1994): Ergonomische Gestaltung mobiler Maschinen. Handbuch für Konstrukteure, Planer, Ergonomen, Designer und Sicherheitsfachkräfte. 1. Auflage. Landsberg: Ecomed.

SCHMIDTKE, H. (1993): Ergonomie. 3. Auflage. München: Carl Hanser.

GRANDJEAN, E. (1991): Physiologische Arbeitsgestaltung: Leitfaden der Ergonomie. 4. Auflage Landsberg: Ecomed.

HETTINGER, T.; WOBBE, G. (HRSG.) (1993): Kompendium der Arbeitswissenschaft: Optimierungsmöglichkeiten zur Arbeitsgestaltung und Arbeitsorganisation. Ludwigshafen (Rhein): Kiehl.

Arbeitsumwelt 3

Einführung in die Wirkung und Gestaltung von Arbeitsumweltfaktoren 3.1

Konstruktive Lösungen besitzen einen maßgeblichen Einfluss auf die Qualität von Arbeitsumgebungen. Von technischen Anlagen hervorgebrachte Emissionen in Form von Lärm, Vibrationen, Ausdünstungen, Luftbewegungen oder Wärmestrahlung werden häufig sowohl von den Nutzern als auch von denen sich im Wirkungskreis der Anlage aufhaltenden Personen als belastend wahrgenommen. In dessen Folge erscheint die empfundene Qualität eines sonst seinen Zweck erfüllenden Produkts als unzureichend.

Unter der Umwelt eines Arbeitssystems versteht man das gesamte räumliche Umfeld, von dem physikalische und chemische, aber auch biologische Einflüsse ausgehen, welche auf den Menschen einwirken. So wie Maschinen und Anlagen, in teilweise nicht unerheblichem Maße, durch die jeweiligen Umgebungsbedingungen beeinflusst werden, wirken diese auf die Arbeitsumwelt des Menschen. Eine ideale Arbeitsumgebung erzeugt stimulierende und leistungsteigernde Effekte, während gestalterische Mängel Leistungsverluste oder gesundheitliche Schäden hervorrufen und im Extremfall eine Ausführbarkeit der Arbeitsaufgabe selbst unmöglich machen.

Durch die Wahl technischer und technologischer Prinzipien, der Dimensionierung von Anlagen, der Festlegung von Leistungsparametern, wie das Beschleunigungsverhalten, oder der Auslegung von Drehzahlbereichen, der Gestaltung von Schutzeinrichtungen und zahlreichen anderen Festlegungen bestimmt der Konstrukteur maßgeblich die durch das Gerät erzeugte Wirkung auf die Arbeitsumwelt.

Im Grundsatz werden die in Abbildung 58 dargestellten Arbeitsumweltfaktoren klassifiziert.

Für die gezielte Gestaltung von Arbeitsumweltfaktoren ist eine grundsätzliche Maßnahmenreihenfolge für die Prüfung und Realisierung zu berücksichtigen (siehe Abbildung 59).

Primäre Maßnahmen wirken direkt an der Quelle. Ziel der Gestaltung durch primäre Maßnahmen ist es, ein Entstehen, Auftreten oder Ausbreiten von Emissionen grundsätzlich zu vermeiden oder deren Auftreten möglichst gering zu halten.

Dies betrifft beispielsweise das gewählte technische Prinzip ebenso wie die eingesetzten Stoffe und Materialien. Im Mittelpunkt primärer Maßnahmen stehen grundsätzliche Betrachtungen, mögliche negative Wirkungen auf die Arbeitsumwelt in Bezug auf die Belastungsreduktion durch geeignete technische und technologische Lösungen zu vermeiden.

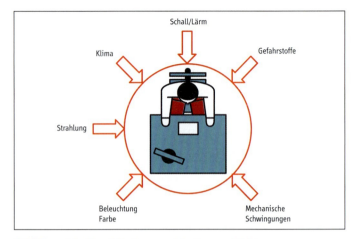

Abbildung 58: Klassifikation von Arbeitsumweltfaktoren

Primäre Maßnahmen besitzen den höchsten Wirkungsgrad und sind zu bevorzugen.

Sekundäre Maßnahmen sind Maßnahmen zur Abschirmung der betroffenen Personen von einer Belastungsquelle. Diese Maßnahmen können sowohl technischer als auch organisatorischer Natur sein.

Aus konstruktiver Sicht handelt es sich beispielsweise um das Abkapseln der Quelle durch die Gestaltung einer geeigneten Isolation/Verkleidung, den Einsatz von Pufferelementen und Dämmmaterial bis hin zu Schutzeinrichtungen. Diese technischen Maßnahmen lassen sich durch organisatorische Maßnahmen, wie Festlegungen zur räumlich getrennten Aufstellung von Anlagen in Räumen mit der unmittelbar zum Betrieb notwendigen Belegschaft oder die Begrenzung der Nutzungsdauer, in denen Personen den Belastungen ausgesetzt sind, ergänzen.

Für die Gestaltung und Auslegung technischer Schutzeinrichtungen sind Richtlinien und Normen zu berücksichtigen, deren gestalterische Umsetzung die Grundlage für eine den Anforderungen der Maschinenrichtlinie entsprechende Lösung darstellt. Sekundäre Maßnahmen verhindern keine Gefährdungen durch die technische Anlagen, schützen aber bei entsprechendem Einsatz durch die Reduktion möglicher Emissionen auf den Kreis betroffener Personen.

Tertiäre Maßnahmen sind Maßnahmen, bei denen die betroffenen Personen durch Persönliche Schutzausrüstungen (PSA) vor den Folgen einer Umgebungsbelastung geschützt werden. Persönliche Schutzausrüstungen sollten nur dann eingesetzt werden, wenn alle technische Maßnahmen nicht oder in wirtschaftlich nicht vertretbarem Maß zu realisieren

ARBEITSUMWELT

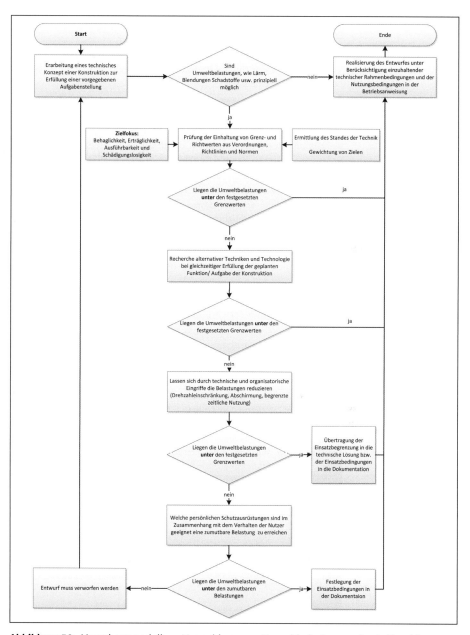

Abbildung 59: Vorgehensmodell zur Vermeidung von Umweltbelastungen durch Maschinen und technische Geräte

sind beziehungsweise diese Maßnahmen nicht zu dem gewünschten Erfolg führen.

Persönliche Schutzausrüstungen sind beispielsweise von den betroffenen Personen individuell genutzte Helme, Arbeitshandschuhe, Brillen oder Atemschutzmasken.

In der Gestaltung von Schutzausrüstung liegt ebenfalls ein umfassendes Entwicklungspotenzial. Neben der Notwendigkeit einer konsequenten Einhaltung tertiärer Maßnahmen führen diese häufig zu unmittelbar wahrnehmbaren Belastungen für die Betroffenen. Beispiele dafür sind Schwitzen, Druckstellen bei Kopfschutz, eingeschränkter Tastsinn beim Tragen von Handschuhen oder Zeitverluste durch Umwege. In der Folge entstehen Motivationen, durch die auf die Persönlichkeit orientierte Maßnahmen eine vergleichsweise geringe Akzeptanz und Reichweite besitzen. Persönliche Schutzmaßnahmen sollten deshalb stets nur als nachrangig in Betracht gezogen werden.

Voraussetzung ist aber immer eine bestimmungsgemäße Verwendung der Maschinen mit entsprechend qualifiziertem und unterwiesenem Personal.

Im betrieblichen Arbeitsschutz wird eine 5-stufige Maßnahmenhierarchie mit den folgenden Hierarchiestufen verwendet:

1. Gefahrenquelle vermeiden/beseitigen/reduzieren
   (Eigenschaften der Gefahrenquelle verändern)
2. Sicherheitstechnische Maßnahmen
   (räumliche Trennung an der Quelle)
3. Organisatorische Maßnahmen
   (räumlich/zeitliche Trennung von Mensch und Faktor)

Primär	▪ Gestaltung von Technik ohne Belastungen der Umwelt ▪ Änderung der Technologie ▪ Eingrenzung von Parametern (z. B. Drehzahl), so dass mögliche Belastungen nicht auftreten können
Sekundär	▪ Trennung der Nutzer von der belastenden Wirkung durch Verkleidungen, Isolierung, Absaugung usw. ▪ Eingrenzung der Expositionszeit einer Belastungswirkung durch zeitliche und organisatorische Vorgabe
Tertiär	▪ Ausgabe und Nutzung geeigneter persönlicher Schutzausrüstung ▪ Verhaltensorientierung durch Hinweise in der Betriebsanleitung, Warnschilder usw.

Abbildung 60: Zusammenfassung der Maßnahmenreihenfolge zur Vermeidung bzw. Reduktion von Arbeitsumweltbelastungen

4. Nutzung Persönlicher Schutzausrüstungen (räumliche Trennung am Menschen)
5. Verhaltensbezogene Maßnahmen

Allgemein gilt als Grundlage der Betrachtung der Arbeitsumwelt das Vorgehen nach DIN EN 614-1:2009-06 „Sicherheit von Maschinen – Ergonomische Gestaltungsgrundsätze – Begriffe und allgemeine Leitsätze".

Weiterführende Quellen zur Gestaltung der Arbeitsumweltbedingungen 3.2

Richtlinie 2006/42/EG des Europäischen Parlaments und des Rates vom 17. Mai 2006 über Maschinen und zur Änderung der Richtlinie 95/16/EG (Neufassung)

DIN-Taschenbuch 352 Ergonomische Gestaltung von Maschinen

Merkheft **„Ergonomische Maschinengestaltung** (Version 2.0)" Hauptverband der gewerblichen Berufsgenossenschaften – HVBG (Hrsg.). Sankt Augustin 2005

BGI 5048 Checkliste „Ergonomische Maschinengestaltung" Berufsgenossenschaftlichen Institut für Arbeitsschutz – BGIA. Sankt Augustin 2005

Arbeitsstättenverordnung – ArbStättV vom 12.08.2004, zuletzt geändert durch Artikel 6 der Verordnung vom 06.03.2007

BGI 523 Mensch und Arbeitsplatz. Hrsg. Vereinigung der Metall-Berufsgenossenschaften VMBG. 2005

DIN EN 614-1 Sicherheit von Maschinen – Ergonomische Gestaltungsgrundsätze – Teil 1: Begriffe und allgemeine Leitsätze; Deutsche Fassung EN 614-1:2006 + A1:2009

DIN EN ISO 12100 Sicherheit von Maschinen – Grundbegriffe; Allgemeine Gestaltungsleitsätze – Risikobeurteilung und Risikominderung (ISO 12100:2010); Deutsche Fassung EN ISO 12100:2010

DIN EN ISO 6385 Grundsätze der Ergonomie für die Gestaltung von Arbeitssystemen (ISO 6385:2004); Deutsche Fassung EN ISO 6385:2004

DIN EN ISO 10075-2 Ergonomische Grundlagen bezüglich psychischer Arbeitsbelastung – Teil 2: Gestaltungsgrundsätze (ISO 10075-2: 1996); Deutsche Fassung EN ISO 10075-2:2000

3.3 Lärm und Vibrationen

3.3.1 Grundlagen

Von technischen Anlagen ausgehende Belastungen durch Schall gehören zu den am intensivsten wahrgenommenen Störungen in der Arbeitsumwelt. Überdosen von Schall sind aber auch für die am häufigsten anerkannte Berufskrankheit BK 2301 „Lärmschwerhörigkeit" verantwortlich. Die Vielzahl der Schallquellen in allen Bereichen des Alltags verstärkt in Verbindung mit den Effekten von Mechanisierung und Automatisierung des Arbeitslebens das Risiko.

Physikalisch gesehen handelt es sich bei Lärm um den vom menschlichen Hörorgan wahrnehmbaren Schall, dessen Wirkung subjektiv negativ bewertet wird. Lärm ist damit nicht an eine Mindestlautstärke gebunden. In Abhängigkeit der Situation können auch vergleichsweise niedrige Geräuschpegel als störend empfunden werden.

Die vom menschlichen Gehör wahrnehmbaren Schwingungen umfassen eine theoretische Bandbreite von 16 Hz bis 20 000 Hz, wobei das individuelle Wahrnehmungsvermögen vorzugsweise im Bereich der hohen Frequenzen oft deutlich niedriger liegt.

Schall breitet sich kugel- oder halbkugelförmig von der Quelle in Form von Druckwellen über ein Medium (in der Regel Luft) aus und regt das Trommelfell zum Mitschwingen an. Vom Trommelfell gelangen die Schwingungen über das Mittelohr zu den eigentlichen Sinneszellen im Innenohr, welche die mit dem Schall übertragenen Informationen an das Gehirn weiterleiten, wo eine Interpretation des Schallereignisses erfolgt.

Der bei einer Frequenz von 1 kHz als gerade noch wahrnehmbarer Schall definierte theoretische Bezugswert beträgt $p_0 = 20\ \mu Pa$. Diese sogenannte Hörschwelle stellt die Basis für alle weiteren Schallpegelberechnungen dar.

Schalldruckpegel	Der für die Stärke einer Schallempfindung maßgebliche Wert (Immission)	$L_P = 10 \times \log_{10} \dfrac{p^2}{p_0^2}$ $p_0 = 20\mu Pa$
Schallleistungspegel	Gibt die von einer Schallquelle abgestrahlte Leistung an (Emission)	$L_W = 10 \times \log_{10} \dfrac{P}{P_0}$ $P_0 = 1 \times 10^{-12} W$
Schallintensitätspegel	Die auf eine Fläche bezogene Schallleistung	$L_I = 10 \times \log_{10} \dfrac{I}{I_0}$ $I_0 = 1 \times 10^{-12} W/m^2$

Abbildung 61: Auswahl schalltechnischer Grundgrößen

Schall kann als diskreter Ton mit einer zeitlich begrenzt auftretenden Frequenz, als Klang (Tonfolge), als Geräusch mit wechselnden sich überlagernden Tönen unterschiedlicher Intensität oder Rauschen, ohne wahrnehmbare Differenzen auftreten. Geräusche sind durch unterschiedliche Pegelwerte über das hörbare Frequenzband gekennzeichnet. Für die Analyse von Schallereignissen im Rahmen der Produktgestaltung stellt die frequenzabhängige Bewertung einzelner Pegelbereiche die Grundlage für die Identifikation von Lärmquellen und deren Abstellung dar.

Auf Grund der unterschiedlichen Wahrnehmungsfähigkeit einzelner Frequenzen besteht für eine arbeitsbedingte Bewertung von Schallsituationen die Notwendigkeit der Filterung von Schallpegeln nach der sogenannten A-Linie. Ein entsprechend dem menschlichen Hörvermögen korrigierter Wert wird in dann in dB[A] dargestellt. Für derartige Messaufgaben kommen Schallpegelmesser zum Einsatz, welche mit entsprechenden Pegelfiltern, Genauigkeitsklassen sowie Speicher- und Auswertefunktionen ausgerüstet sein können (siehe auch DIN EN ISO 3740:2001-03).

Hauptgrund für die Einführung der Bewertung von Schall auf der Basis von Pegelwerten war, die vom Menschen wahrnehmbare Bandbreite von 10^{-5} bis 20 Pascal in einen beurteilbaren Umfang zu überführen.

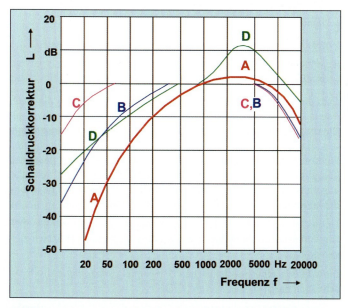

Abbildung 62: Frequenzabhängige Korrektur des menschlichen Hörvermögens nach DIN 456301:1971-12

Dieser Ansatz beruht auf dem Weber-Fechner-Gesetz, dass sich die subjektiv empfundene Stärke von Sinneseindrücken proportional zum Logarithmus der objektiven Intensität des physikalischen Reizes verhält. Mit der Anwendung des gefundenen Zusammenhangs wird man zwar dem subjektiven Empfinden gerecht, bagatellisiert aber die tatsächliche Druckzunahme insbesondere beim Auftreten hoher Dezibel-Werte. So entspricht die zahlenmäßig scheinbar geringfügige Steigerung des Schallpegels von 80 dB auf 85 dB einer tatsächlichen Verdopplung des Schalldrucks von 0,2 auf 0,4 Pascal. Bei 120 dB liegt der Schalldruck bereits bei 20 Pascal.

In den meisten Fällen ist mit dem Entstehen von Schall auch das Auftreten von mechanischen Schwingungen (Vibrationen) verbunden. Diese mechanischen Schwingungen besitzen gleiche oder ähnliche Ursachen wie das Entstehen von Schall. Hinsichtlich ihrer Wirkung und Möglichkeit der Abschirmung unterscheidet man stationäre Anlagen, wie Pressen, Motoren, Generatoren, Turbinen usw., und mobile Systeme, wie Transportmaschinen, zu denen beispielsweise Züge, Flugzeuge, Schiffe oder Kraftfahrzeuge gehören, sowie handgeführte Maschinen, wie Bohrhämmer oder Schwingschleifer.

In ihrer Wirkung differenzieren sich:

- Ganzkörperschwingungen und
- Hand-Arm-Schwingungen

sowie

- Stochastische und
- Periodische Schwingungen.

Ganzkörperschwingungen entstehen im Allgemeinen durch die Übertragung von Schwingungen stationärer Anlagen auf das Umfeld oder Übertragung von Schwingungen auf die Insassen eines Transportmittels. Hand-Arm-Schwingungen sind vorzugsweise an handgeführten Werkzeugen nachzuweisen, deren Übertragung auf den gesamten Körper durch den menschlichen Muskel- und Skelettapparat teilweise absorbiert wird. Gleichzeitig tritt eine überdurchschnittliche Belastung der betroffenen Gelenke, Knochen und Muskelgruppen auf.

Eine mögliche schädigende Wirkung periodischer Schwingungen gleicher Intensität ist im Vergleich zur Wirkung stochastischer Schwingungen größer.

Die Wirkung einer mechanischen Schwingung wird physikalisch beschrieben durch

- Frequenz der Schwingung,
- Beschleunigungsamplitude (Intensität),

- Schwingungsrichtung (entsprechend dem körperbezogenen Koordinatensystem),
- Schwingungsart und
- Dauer der Belastung.

Dem gemeinsamen Auftreten beider Belastungsarten am Arbeitsplatz entsprechend hat der Gesetzgeber die Maßnahmen zur Vermeidung entsprechender Umweltbelastungen in der Lärm- und Vibrations-Arbeitsschutzverordnung (LärmVibrationsArbSchV) zusammengefasst. Im Sinne von primären Maßnahmen gilt es, die Emissionen so zu gestalten, dass diese Immissionsgrenzwerte nicht überschritten werden.

Gefährdung durch Lärm 3.3.2

Zum Schutz vor Lärm wurde mit der Lärm- und Vibrations-Arbeitsschutzverordnung eine Grundlage geschaffen, welche ihre Untersetzung in technischen Regeln und Normen findet.

Für die Arbeitsumwelt erfolgt in Anlehnung an die EG-Richtlinie „Lärm" die Festlegung zulässiger Grenzwerte in Dezibel [dB]. Wie in der Abbildung 63 zu sehen, unterscheidet sich die Bewertung für langfristige, z. B. tageweise, und plötzlich auftretende Schallsituationen nach A- und C-Korrektur.

A-Filter gelten für die Beurteilung von Schallereignissen über einen längeren Zeitraum, während die C-Linie für plötzliche, explosiv auftretende Schallereignisse Anwendung findet. Entsprechende Kurvenfilter lassen sich bei professionellen Schallpegelmessgeräten auswählen.

Prinzipiell unterscheidet man vier Stufen der Wirkung von Lärm auf den menschlichen Organismus:

- Ab 40 dB[A] können psychische Reaktionen wie Wut, Unbehagen, Stress auftreten.
- Ab 70 dB[A] ist mit ungewollten vegetative Reaktionen, wie Herzklopfen, Muskeltätigkeit usw., zu rechnen.
- Ab 80 dB[A] bestehen Gefahren möglicher dauerhafter Hörschäden im Innenohr, wie Vertaubung, Hörsturz, Tinnitus usw.
- Ab 120 dB[A] sind sofortige mechanische Hörschäden, wie die Beschädigung des Trommelfells und des Mittelohrs, möglich.

	Lärm- und Vibrations-Arbeitsschutzverordnung 2007	UVV „Lärm" (alt)
Untere Auslösewerte	80 dB (A) 135 dB (C)	85 dB (A)
Obere Auslösewerte	85 dB (A) 137 dB (C)	90 dB (A) 140 dB (linear)
Expositions-grenzwerte	Entspricht den oberen Auslösewerten	Entspricht den oberen Auslösewerten

Abbildung 63: Auslösewerte und Expositionsgrenzwerte für Schall

In Abhängigkeit der Dauer und Intensität des Schalleinflusses kann es zur Schädigung in unterschiedlichen Bereichen des Hörsystems kommen, wie Abbildung 64 zeigt.

Die Bestimmung der Schallleistungspegel von Geräuschquellen aus Schalldruckmessungen hat nach entsprechenden Vorgaben der DIN EN ISO 3741 zu erfolgen.

$$L_{exp} = \frac{q}{3} * 101 \lg [\frac{1}{T} \sum 10^{\frac{L_i}{10}}] * t_i$$

Im Entwicklungsprozess lassen sich mit Hilfe dieser Geräte die Emissionen von Modellen und Prototypen im Versuch feststellen. Bei einer arbeitstagbezogenen Betrachtung entspricht der Beurteilungspegel L_{exp} dem mittleren Schalldruckpegel über die Dauer einer Arbeitsschicht von T = 8 Stunden.

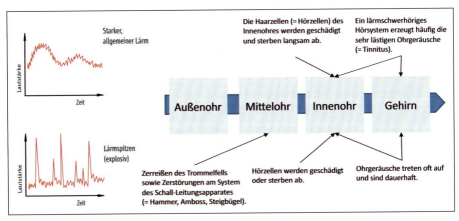

Abbildung 64: Übersicht möglicher Schädigungen durch Lärm

T = Gesamtzeit,

t_i = Teilzeit;

L_i = Einzelpegel im Zeitabschnitt t_i;

q = Pegelsteigerung (Industrielärm = 3, Baulärm = 4)

Mit dem Erreichen der Grenzwerte für den äquivalenten Dauerschallpegel über einen vorgegebenen Zeitraum gilt eine Reihe von Schutz- und Vorbeugemaßnahmen entsprechend der Lärm- und Vibrations-Arbeitsschutzverordnung.

Werden im Tagesmittel 80 dB[A] überschritten, so besteht eine Gefährdung zur Entstehung von Hörschäden. Notwendigerweise sind dann geeignete Maßnahmen vorzusehen:

- Gehörschutz zur Verfügung stellen
- Unterweisung der Beschäftigten
- Allgemeine arbeitsmedizinische Beratung
- Angebot arbeitsmedizinischer Vorsorgeuntersuchung.

Mit dem Auftreten eines Dauerschallpegels von 85 dB[A] und mehr wird eine Gehörschädigung ohne entsprechende Schutzmaßnahmen wahrscheinlich. In der Folge bestehen folgenden Forderungen:

- Gehörschutz-Tragepflicht
- Lärmbereichskennzeichnung
- Zugangsbeschränkung zum Lärmbereich
- Lärmminderungsprogramm
- Veranlassung arbeitsmedizinischer Vorsorgeuntersuchungen
- Anlegen und Führen einer Vorsorgekartei.

Für den Entwickler von Anlagen erlaubt die Vermeidung von Schallemissionen oberhalb der genannten Grenzwerte eine Argumentation, welche als ergonomisch begründeter Vorteil des Produktes nicht nur die Gesunderhaltung der Nutzer gewährleistet, sondern langfristig durch die Vermeidung von Zusatzaufwänden auch Kosten reduziert.

Gefährdung durch mechanische Schwingungen (Vibrationen) 3.3.3

Mit der Lärm-Vibrations-Arbeitsschutzverordnung (LärmVibrationsArbSchV) wurden richtungsbezogene Beschleunigungswerte als Grundlage der Beurteilung einer Schwingungsbelastung festgelegt. Wie beim Schall basieren die deutschen Vorgaben auf Richtlinien der Europäischen Union. Die Bestimmung der Schwingung erfolgt nach DIN EN ISO 5349-1 und -2:2001-12 für Hand-Arm-Schwingungen und DIN EN 14253:2008-02 für Ganzkörperschwingungen (siehe Abbildung 65).

	Lärm-Vibrations-Arbeitsschutz-verordnung
Hand-Arm-Schwingungen	
Auslösewert	2,5 m/s²
Expositionsgrenzwert	5,0 m/s²
Ganzkörperschwingungen	
Auslösewert	0,5 m/s²
Expositionsgrenzwert	0,8 m/s² (z-Achse)
	1,15 m/s² (x/y-Achse)

Abbildung 65: Auslösewerte und Expansionsgrenzwerte für mechanische Schwingungen

Im Weiteren stehen für die praktische Prüfung als Sammlung Technische Regeln unter TRLV Vibration 2010-01-15 zur Verfügung. Neben einer allgemeinen Erklärung zum Auftreten von Vibrationen werden in den Technischen Regeln Messverfahren, Beurteilung und Maßnahmen zur Minderung von Vibrationen erklärt (siehe Abbildung 66).

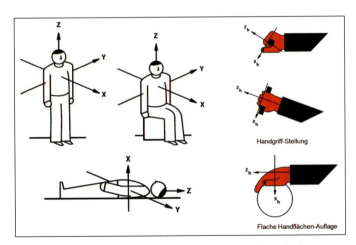

Abbildung 66: Physiologische Koordinatensysteme für Schwingungen (nach VDI-Richtlinie Reihe 2057)

Die Betrachtung der Schwingungsrichtung bezogen auf ein körperbezogenes Koordinatensystem ist von Bedeutung, da der menschliche Körper auf Grund seiner Anatomie über ein definiertes Masse-Dämpfungsmodell verfügt, was zu unterschiedlichen Beanspruchungssituationen führt. Neben der Dämpfung kann es auch zu Resonanzwirkung einzelner Organe oder Gliedmaßen kommen, durch die richtungs- und frequenzabhängig Effekte auftreten. Dies sind beispielsweise:

- Atemnot
- Rückenschmerzen
- Kiefernresonanz
- Blasenreizung und rektale Reizung
- Unterleibsschmerzen
- Kopfschmerzen usw.

Auf mechanische Schwingung werden zwei Berufskrankheiten zurückgeführt.

Ursachen der Berufskrankheit BK 2103 liegen in der Arbeit mit Geräten, welche Schwingungen mit niederen Frequenzen und großen Amplituden erzeugen (z. B. Presslufthammer). Die BK 2103 steht für vibrationsbedingte Knochen- und Gelenkerkrankungen. Diese stellen sich in Form von Muskel- und Gelenkschmerzen, Knochenwucherungen, Deformierungen der Gelenkflächen, Knochenabsplitterungen im Ellenbogengelenk, Knorpelzerstörung und Muskelatrophie (Schwund) dar.

Die Berufskrankheit BK 2104 entsteht infolge der Arbeit mit Geräten, die Schwingungen im Bereich von 20 Hz – 40 Hz erzeugen (Beispiel: Handschleifmaschinen, Kettensägen, Motormähgeräte). Mit der BK 2104 verbunden sind vibrationsbedingte Durchblutungsstörungen, das sogenannte vasospastische Syndrom, in dessen Folge die Weißfingerkrankheit oder auch Raynaud'sches Phänomen entstehen kann. Typische Ausprägung der Krankheit sind bleibende Durchblutungsstörungen der Finger, die in der Folge eine weiße Farbe annehmen. Durch die Durchblutungsstörungen kommt es zum Verlust des Tast- und Schmerzsinns der Finger.

Maßnahmen zur Vermeidung von Belastungen durch Schall und mechanische Schwingungen

Im Rahmen der drei Maßnahmenebenen zum Schutz vor Belastungen aus der Arbeitsumwelt lassen sich neben Maßnahmen an der Quelle, die Ausbreitung der Schwingungen und die Abschirmung betroffener Personen realisieren (siehe Abbildung 67).

Innerhalb der drei Handlungsebenen bestehen zur Durchsetzung von Lärm- und Vibrationsminderungsmaßnahmen folgende Möglichkeiten:

Primäre Maßnahmen

- Minderung der unmittelbaren Luftschallanregung
- Minderung der körperschallanregenden Wechselkräfte
- Verringerung der Wechselkräfte

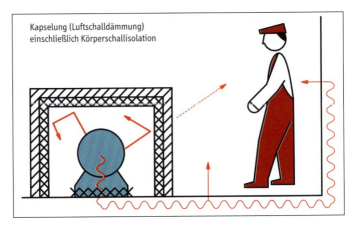

Abbildung 67: Prinzipien von Schallausbreitung und -schutzmaßnahmen (Quelle BAuA/BGIA)

- Änderung des zeitlichen Verlaufs der Wechselkräfte
- Einhaltung lärmarmer Betriebszustände.

Technische Möglichkeiten durch alternative Gestaltungsansätze

sind beispielsweise der Einsatz von:
- Drehenden statt oszillierenden Maschinenteilen
- Riementrieb statt Kettentrieb
- Bohren statt Stanzen, Hämmern oder Rammen
- Gießen statt Schmieden
- Drücken statt Schlagen
- Elektroantrieb statt Verbrennungsmotor
- Optimalen Drehzahlen und Geschwindigkeiten
- Unwuchten vermeiden
- Zusatzmassen zur Senkung der Eigenfrequenz
- Geringen Fertigungstoleranzen.

Sekundäre Maßnahmen
- Minderung der Körperschallanregung
- Minderung der Körperschallausbreitung
- Körperschalldämpfung
- Körperschalldämmung
- Minderung der mittelbaren Luftschallabstrahlung.

Sekundäre Maßnahmen unterscheiden sich nach dem Schutzprinzip:

- Prinzip der Aktiv-Isolierung (Entkopplung des Schwingungserzeugers vom Arbeitsbereich, z. B. durch ein separates Fundament, Räumlichkeiten etc.)
- Prinzip der Passiv-Isolierung (Mensch wird vom schwingenden System entkoppelt, z. B. Sitze in Lastkraftwagen, Arbeitsbühnen mit Federelement usw.)

In der Folge lassen sich Maßnahmen festlegen, wie:

- Minderung der Luftschallausbreitung
- Luftschalldämpfung an der Schallquelle
- Luftschalldämpfung im Raum
- Luftschalldämmung an der Schallquelle
- Luftschalldämmung im Raum
- Kompensation durch Gegenschall.

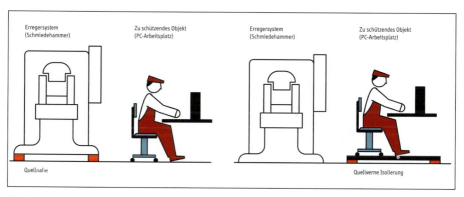

Abbildung 68: Technisches Lösungsbeispiel zum Schwingungsschutz

Tertiäre Maßnahmen

Organisatorische Schallschutzmaßnahmen, durch die es zur Einschränkung der Belastungsdosis kommt, wie dies durch Wechseltätigkeiten möglich ist.

Persönliche Schutzmaßnahmen beinhalten das Tragen von Schutzausrüstung, wie Gehörschützer, geeignete Bekleidung mit Dämpfungseigenschaften, und verhaltensbezogene Maßnahmen, wie die Unterweisung zum sicheren Umgang mit Maschinen und Anlagen.

3.4 Weiterführende Normen zur Belastungsreduktion von Lärm und Vibrationen

DIN 1320:2009-12 Akustik – Begriffe

DIN EN ISO 11690-1 Akustik – Richtlinien für die Gestaltung lärmarmer maschinenbestückter Arbeitsstätten – Teil 1: Allgemeine Grundlagen (ISO 11690-1:1996); Deutsche Fassung EN ISO 11690-1:1996

DIN EN ISO 11690-2 Akustik – Richtlinien für die Gestaltung lärmarmer maschinenbestückter Arbeitsstätten – Teil 2: Lärmminderungsmaßnahmen (ISO 11690-2:1996); Deutsche Fassung EN ISO 11690-2:1996

DIN 45630:1971-12 Grundlagen der Schallmessung; Physikalische und subjektive Größen von Schall

DIN 45645-2:1997-07 Ermittlung von Beurteilungspegeln aus Messungen – Teil 2: Geräuschimmissionen am Arbeitsplatz

DIN EN ISO 8041 Schwingungseinwirkung auf den Menschen – Messeinrichtungen (ISO 8041:2005); Deutsche Fassung EN ISO 8041:2005

DIN EN ISO 5349-1 Mechanische Schwingungen – Messung und Bewertung der Einwirkung von Schwingungen auf das Hand-Arm-System des Menschen – Teil 1: Allgemeine Anforderungen (ISO 5349-1:2001); Deutsche Fassung EN ISO 5349-1:2001

DIN EN ISO 5349-2 Mechanische Schwingungen – Messung und Bewertung der Einwirkung von Schwingungen auf das Hand-Arm-System des Menschen – Teil 2: Praxisgerechte Anleitung zur Messung am Arbeitsplatz (ISO 5349-2:2001); Deutsche Fassung EN ISO 5349-2:2001

DIN EN 14253 Mechanische Schwingungen – Messung und rechnerische Ermittlung der Einwirkung von Ganzkörperschwingungen auf den Menschen am Arbeitsplatz im Hinblick auf seine Gesundheit – Praxisgerechte Anleitung; Deutsche Fassung EN ISO 14253:2003 + A1:2007

VDI 2057 Blatt 1:2002-09 Einwirkungen mechanischer Schwingungen auf den Menschen – Ganzkörper-Schwingungen

VDI 2057 Blatt 2:2002-09 Einwirkung mechanischer Schwingungen auf Menschen – Hand-Arm-Schwingungen

VDI 2057 Blatt 3:2006-06 Einwirkung mechanischer Schwingungen auf Menschen – Ganzkörperschwingungen an Arbeitsplätzen in Gebäuden

VDI 2058 Blatt 3:1999-02 Beurteilung von Lärm am Arbeitsplatz unter Berücksichtigung unterschiedlicher Tätigkeiten

VDI 3831:2006-01 Schutzmaßnahmen gegen die Einwirkung mechanischer Schwingungen auf den Menschen

BGV B3 Schutz vor Lärm

BGI 688 Lärm am Arbeitsplatz in der Metallindustrie

Weiterführende Quellen zur Belastungsreduktion von Lärm und Vibrationen 3.5

Verordnung zum Schutz der Beschäftigten vor Gefährdungen durch Lärm und Vibration (Lärm- und Vibrations-Arbeitsschutzverordnung – LärmVibrationsArbSchV), 6. März 2007

TRLV – Technische Regeln zur Lärm- und Vibrations-Arbeitsschutzverordnung

Verordnung über Arbeitsstätten (Arbeitsstättenverordnung – ArbStättV)

DIN-Taschenbuch 315/1 Messung der Geräuschemission von Maschinen – Bestimmung des Schallleistungspegels

DIN-Taschenbuch 315/2 Messung der Geräuschemission von Maschinen – Bestimmung des Emissions-Schalldruckpegels, Anwendung von Geräuschemissionswerten

Normenausschuss Akustik, Lärmminderung und Schwingungstechnik (NALS) im DIN und VDI www.nals.din.de

DIN – Schall & Schwingungen online www.din-schall-schwingungen.de

DIN – Umgebungslärm online www.din-umgebungslaerm.de

Beleuchtung und Farbe 3.6

Grundsätze der Beleuchtung 3.6.1

Helligkeit, Kontrast und Farben bilden die Grundlagen des menschlichen Sehens. Über das Auge nimmt der Mensch den überwiegenden Teil an Informationen aus seiner Umwelt wahr. Die Schaffung optimaler Beleuchtungsverhältnisse sichert deshalb Effizienz und Sicherheit im Arbeitsprozess (siehe Abbildung 69).

Das menschliche Auge ist in der Lage, optische Strahlung der Wellenlängen im Bereich von ca. 380 nm (violett) bis 740 nm (rot) wahrzunehmen. Das Sehempfinden im mittleren Bereich 500 nm – 550 nm (grün, gelb) ist dabei wesentlich besser ausgeprägt, als dies in den Grenzbereichen möglich ist. Die für die Beleuchtungsplanung wichtigsten Größen sind im Weiteren zusammengefasst (siehe Abbildung 70).

Im Einzelnen beschreiben die lichttechnischen Grundgrößen die folgenden Eigenschaften:

Lichtstrom Φ [lm]:
Die gesamte von einer Lichtquelle abgegebene sichtbare Strahlungsleistung in Lumen. Der Lichtstrom ist abhängig vom eingesetzten Leuchtmittel.

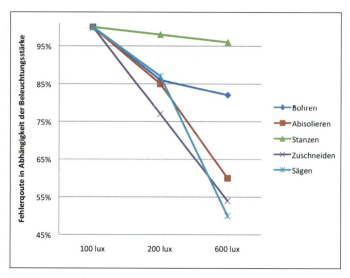

Abbildung 69: Änderung der Fehlerquote bei zunehmender Beleuchtungsstärke[12]

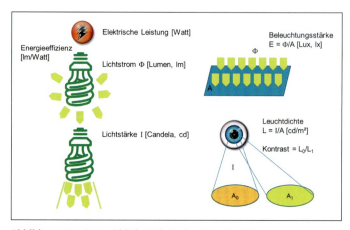

Abbildung 70: Auswahl lichttechnischer Grundgrößen

---

12 Quelle: Lichtforum 2001

Lichtstärke I [cd]:
Der Lichtstrom in Candela, der je Raumwinkeleinheit in eine bestimmte Richtung abgestrahlt wird. Die Lichtstärke ist abhängig vom Leuchtmittel und der Bauform der Leuchte. (Indirekte Beleuchtung, Reflektoren usw.)

Beleuchtungsstärke E [lx]:
Die Beleuchtungsstärke ist das Maß für die Intensität des auf einer beleuchteten Fläche auftreffenden Lichtstroms in Lux. Der Wert beschreibt die Ausleuchtung des betrachteten Bereiches.

Leuchtdichte L [cd/m²]:
Die Leuchtdichte beschreibt die Energie in Candela pro Quadratmeter, die als sichtbares Licht unmittelbar oder mittelbar in das Auge dringt.

Reflexionsgrad ϑ [%]:
Der Reflexionsgrad gibt das Verhältnis des von einer Oberfläche insgesamt zurückgestrahlten Lichtstromes zum auffallenden Lichtstrom wieder.

Kontrast [%]:
Der Kontrast beschreibt das Verhältnis von Leuchtdichtewerten innerhalb des Sichtfeldes. Man unterscheidet Kontraste zur Informationsdarstellung (z. B. schwarze Buchstaben auf Papier) und Flächenkontraste (z. B. Tischfläche zu Wandfläche).

Lichtausbeute [lm/W]:
Die Lichtausbeute gibt das Verhältnis zwischen abgestrahltem Lichtstrom und aufgewendeter elektrischer Leistung in Lumen pro Watt an. Dient beispielsweis der Differenzierung von Leuchtmitteln, wie Glühlampe, Halogenlampe, Leuchtstoffröhre und LED.

Wichtigstes Kriterium für die Beleuchtungsplanung ist die Beleuchtungsstärke. Am Arbeitsplatz sind in Abhängigkeit der Arbeitsaufgabe bestimmte Grenz- und Richtwerte einzuhalten. Für die Beleuchtungsstärke finden sich entsprechende Vorgaben in der DIN EN 12464-1:2003 und den Technischen Regeln für Arbeitsstätten (siehe Abbildung 71).

Für die Planung der Beleuchtung wird die zu beleuchtende Fläche in zwei Bereiche unterteilt. Kernbereich ist der Bereich der zu erfüllenden Sehaufgabe, beim zweiten Gestaltungsbereich handelt es sich um die unmittelbare Umgebung des Kernbereiches. Die Beleuchtungsstärke des unmittelbaren Umgebungsbereiches soll eine ausgewogene Leuchtdichteverteilung ergeben. Ausgewogenheit ist unmittelbar von der Beleuchtungsstärke abhängig, so beträgt bei einer Beleuchtungsstärke von 500 Lux die Anforderung an die Gleichmäßigkeit der Ausleuchtung $\geq 70\,\%$. Im Vergleich dazu wird bei 300 Lux eine Gleichmäßigkeit $\geq 0,5$ im unmittelbaren Umgebungsbereich gefordert.

Die notwendige Beleuchtungsstärke selbst hängt unmittelbar von der Arbeitsaufgabe ab.

Eine gute Beleuchtung erhöht die Aufmerksamkeit und Leistungsbereitschaft des Menschen, welche jedoch individuellen Besonderheiten unterliegen. So nimmt durch Alterungsprozesse die Lichtempfindlichkeit des Auges ab. Der Zeitpunkt und konkrete Auswirkungen dieses Prozesses können bei einzelnen Personen sehr unterschiedlich ausgeprägt sein. Sind entsprechende Nutzergruppen betroffen, so bedarf es einer Anpassung der Beleuchtungsstärke an die Gruppe mit der geringsten Lichtempfindlichkeit. Gleichzeitig ist festzustellen, dass die Differenz für die notwendige Beleuchtungsstärke bei unterschiedlichen altersbedingten Leistungsvoraussetzungen mit zunehmender Basisbeleuchtungsstärke abnimmt, wie in Abbildung 72 zu sehen ist.

Art des Raumes bzw. der Tätigkeit (Beispiele)	Beleuchtungsstärke in Lux (lx)
Verkehrsflächen und Flure Pausenräume Lagerräume	100
Mittelfeine Montagearbeiten Grobe/mittlere Maschinenarbeiten (Toleranz > 0,1 mm) Produktionsanlagen mit ständigen manuellen Eingriffen	300
Werkzeug-, Lehren- und Vorrichtungsbau Präzisions- und Mikromechanik	1000

Abbildung 71: Erforderliche Beleuchtungsstärken
(nach DIN EN 12464-1:2003-03; Abschnitt 5.3)

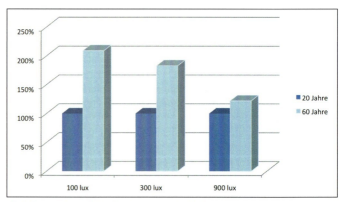

Abbildung 72: Lichtbedarf unterschiedlicher Altersgruppen bei gleicher Leistung

Zur Erreichung einer Sehaufgabe sind ausreichende Kontraste erforderlich (siehe auch Abbildung 29). Gleichzeitig müssen Blendungen ausgeschlossen sein. Blendungen können als Direktblendung oder Reflexblendung auftreten. Typische Direktblendungen entstehen durch Leuchtmittel mit einer hohen punktuellen Leuchtdichte, wie Glüh- oder Halogenlampen. Weitere Ursachen für Direktblendungen entstehen beispielsweise durch große Differenz zwischen der Leuchtdichte am Arbeitsbereich und eines sich im Blickfeld befindlichen Außenlichtes.

Direktblendungen lassen sich durch entsprechende Abschirmung der Leuchtquelle wie Schirme, Raster, Jalousien oder Vorhänge vermeiden. Alternativ kann das Licht durch geeignete Filter oder Oberflächenstrukturen diffuser zum Arbeitsbereich geleitet werden. Folge des Einsatzes von Filtern sind allerdings Einbußen bezüglich Brillanz und Klarheit der Darstellung.

Reflexblendung entsteht durch die Reflexion der Lichtquellen auf Arbeitsmitteln und Wänden. Dies kann durch die gezielte Auswahl von Arbeitsmitteln, Böden und Wänden mit geringen Reflexionsgraden von unter 50 % erreicht werden.

Abbildung 73: Direkt- und Reflexblendung

Während im Detail hohe Kontraste das Erkennen von Informationen erleichtern, sollten Flächenkontraste im Arbeitsbereich gering sein. Folgende Regeln sind zu berücksichtigen:

- Nur geringe Leuchtdichteunterschiede aller größeren Flächen im Gesichtsfeld
- Keine Flächenkontraste im mittleren Gesichtsfeld von mehr als 1 : 3
- Flächenkontraste von 1 : 40 und mehr können sich auf Dauer gesundheitsschädlich auswirken

- Zwischen Mittel- und Randpartien des Gesichtsfeldes oder innerhalb dieser Randpartien sollen die Kontraste ein Verhältnis von 1:10 nicht überschreiten.
- Anordnung der helleren Arbeitsflächen in der Mitte des Gesichtsfeldes.

Generell gilt, dass eine blendfreie höhere Beleuchtungsstärke eine positive Wirkung auf Leistung und Qualität besitzt. Beleuchtungsanlagen sollten deshalb mit einem Sicherheitsfaktor für Alterung und Verschmutzung der Leuchtmittel ausgelegt werden, so dass in jedem Fall wenigstens die Mindestforderungen erfüllt werden.

Ab 1000 Lux steigen die angestrebten Effekte nur noch marginal, während die Gefahr der Blendung durch die Lichtquelle überproportional steigt. Neben möglichen Belastungen ist großzügige Überdimensionierung von Beleuchtungsanlagen auch auf Grund des damit verbundenen Energiebedarfes nicht zu empfehlen.

3.6.2 Farbgestaltung

Farben ergänzen die sehende Wahrnehmung um eine Vielzahl zusätzlicher Informationen und Wirkungen. Die Farbechtheit ist ein maßgebliches Kriterium für die Qualität vieler Arbeitsaufgaben. Textilien, lackierte Oberflächen, Druckerzeugnisse oder die Wahrnehmung von farbigen Qualitätsmerkmalen sind wichtige Gestaltungsziele. In bestimmten Situationen kann es aber auch sinnvoll sein, durch eine Verfremdung der eigentlichen Farbe andere Zielstellungen wie einen besseren Kontrast oder die gezielte Ansprache von Kunden zu erreichen.

Mit der Farbwahl lässt sich eine Reihe von psychologischen Empfindungen ansprechen. Beispiele dafür sind die wahrgenommene Entfernung, das Gewicht, die Temperatur u.a. Bei der Wahl der Farbe sollten Fehlbeurteilungen, z.B. wenn ein schwerer Gegenstand durch die Farbwahl leichter erscheint als er tatsächlich ist, vermieden werden. Farben können beispielsweise die folgenden Funktionen unterstützen:

- Orientierung, z.B.: Farb- und Formzeichen (Symbole) sind wichtige Informationshilfen. Raumgliederung durch Farbbezirke. Kennzeichnung unterschiedlicher Funktionen.
- Erholung, z.B.: Unterstützung des Erholungseffektes während der Pausen durch Farb- und Lichtumgebung.
- Sicherheit, z.B.: Durch den Einsatz von Sicherheitsfarben werden Unfallgefahren und Verwechslungsmöglichkeiten gemindert.
- Wahrnehmung, z.B.: Schonung von Auge und Organismus durch bessere Möglichkeit der Differenzierung von Informationen.
- Ordnung, z.B.: Beim Arbeitsfluss, bei der Lagerung, beim Transport; im Verkehr sind Farben ein wichtiger Ordnungsfaktor.

Die Qualität der **Farbwiedergabe** wird maßgeblich durch die Lampe gekennzeichnet, deren Licht eine bestimmte farbliche Wirkung auf den jeweiligen Gegenständen hervorruft.

Eine Bewertung der Farbwiedergabe erfolgt durch den Index R_a. Er ist von häufig vorkommenden Testfarben abgeleitet und gibt an, wie natürlich Farben wiedergegeben werden. Generell gilt: Je niedriger der Index, desto mangelhafter werden die Körperfarben beleuchteter Gegenstände wiedergegeben. Der Farbwiedergabe-Index von $R_a = 100$ ist optimal; in Innenräumen sollte der R_a-Index nicht unter 80 liegen.

Das von Lampen abgestrahlte Licht besitzt eine Eigenfarbe, die sogenannte Lichtfarbe. Sie wird bestimmt durch die Farbtemperatur (T_{CP}) in Kelvin (K).

Je höher die Temperatur, desto weißer die Lichtfarbe. Die **Lichtfarben** der Lampen sind in drei Gruppen eingeteilt:

- warmweiß (ww) < 3 300 K
  warmweißes Licht wird als gemütlich und behaglich empfunden.

- neutralweiß (nw) 3 300 K bis 5 300 K
  neutralweißes Licht erzeugt eine eher sachliche Stimmung.

- tageslichtweiß (tw) > 5 300 K
  tageslichtweißes Licht eignet sich für Innenräume erst ab einer Beleuchtungsstärke von 1 000 Lux, denn es wirkt bei niedrigen Lichtdosen kalt und unangenehm.

Das Licht von Lampen gleicher Lichtfarbe kann unterschiedliche Farbwiedergabeeigenschaften besitzen. Grund dafür ist die unterschiedliche spektrale Zusammensetzung der Lichtfarbe. Die Kombination von Leuchtmitteln unterschiedlicher Hersteller sollte deshalb vermieden werden. Dadurch ist es auch nicht möglich, aus der Lichtfarbe einer Lampe auf die Qualität ihrer Farbwiedergabe zu schließen. Angaben zum Farbspektrum eines Leuchtmittels erhält man von den Herstellern.

Im Mittelpunkt der konstruktiven Entwicklung steht die farbliche Gestaltung von Arbeitsmitteln. Dabei gilt:

- Maschinen und Arbeitsvorrichtungen sollten sich zur eindeutigen Konturbildung vom Hintergrund abheben und auf die Wandfarbe abgestimmt sein.

- Der Maschinenkörper erhält ruhige, niemals drängende Farben mit mattem, blendfreiem Anstrich.

- Schwere Teile wie Sockel und Teile mit tragender Funktion dürfen optisch nicht leichter gemacht werden.

- Die Maschine soll visuell gegliedert sein. Funktionale Unterschiede sollen zum Ausdruck gebracht werden.

- Wichtige Elemente wie Bedienteile und Gefährdungsstellen müssen als Blickfang in lebhaftem Farb- und Leuchtdichtekontrast zur Maschine stehen.
- Äußere Schutzvorrichtungen sollten als Bestandteile der Maschine betrachtet und daher in derselben Farbe gehalten werden, die Gefahrzone hinter der Schutzvorrichtung in lebhaften Farben.

Darüber hinaus sollten folgende Hinweise zur Verwendung von Farben für Anzeigen, Monitore berücksichtigt werden:

- Farben führen, bedingt durch die natürliche Farbfehlsichtigkeit des menschlichen Auges, zu erhöhten Beanspruchungen der Augen (Für rote Farben sind wir weitsichtig, für blaue kurzsichtig.)
- durch Farbe wird der Kontrast zwischen dem Zeichen und dem Hintergrund verändert
- bei zu hohem Kontrast sind die Zeichen nicht mehr ausreichend gut zu unterscheiden oder es kommt zu Blendungen
- für Textverarbeitung ist die Positivdarstellung mit dunklen Zeichen auf hellem Hintergrund zu wählen
- grundsätzlich belasten Farbmonitore stärker als Graustufenmodelle
- keine gesättigten roten und blauen Farben verwenden
- bei einfarbigen Zeichen unbunt (weiß, schwarz, grau) oder gelb, orange und grün verwenden
- Beachtung der Alltagserfahrungen und des psychologischen Gehalts von Farben (Rot = Halt, usw.)
- Farb-Orte möglichst weit voneinander entfernt wählen
- nur wenige Farben verwenden (am besten drei bis vier, maximal sechs)
- kein Rot auf Blau oder Grün, kein Gelb auf Grün oder Weiß, kein Schwarz auf Blau oder Rot verwenden.

Hervorhebung problematischer Zustände an Anzeigen durch die Farbwahl (psychologische Farbwirkung)

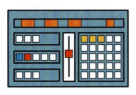

Farbliche Differenzierung wichtiger Bedienelemente (Symbolische Farbwirkung) DIN EN 60204-1:2007

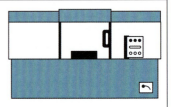

Visuelle Gliederung funktioneller Unterschiede durch Farbauswahl

Abbildung 74: Beispiele zur gezielten Farbgestaltung

Weiterführende Normen zur Gestaltung von Beleuchtung und Farbe 3.7

DIN 2403:2007-05 Kennzeichnung von Rohrleitungen nach dem Durchflussstoff

E DIN 25430:2010-07 Sicherheitskennzeichnung im Strahlenschutz

DIN 5381:1985-02 Kennfarben

Normenreihe DIN 4844 Graphische Symbole – Sicherheitsfarben und Sicherheitskennzeichen

Normenreihe DIN 5033 Farbmessung

Normenreihe DIN 5035 Beleuchtung mit künstlichem Licht

Normenreihe DIN 6163 Farben und Farbgrenzen für Signallichter

Normenreihe DIN 6164 DIN-Farbkarten

E DIN 6171-1:2010-04 Aufsichtfarben für Verkehrszeichen und Verkehrseinrichtungen – Teil 1: Farbbereiche bei Beleuchtung mit Tageslicht

DIN EN 1837 Sicherheit von Maschinen – Maschinenintegrierte Beleuchtung; Deutsche Fassung EN 1837:1999 + A1:2009

DIN EN 12464-1 Licht und Beleuchtung – Beleuchtung von Arbeitsstätten – Teil 1: Arbeitsstätten in Innenräumen; Deutsche Fassung EN 12464-1:2011

DIN EN 12665 Licht und Beleuchtung – Grundlegende Begriffe und Kriterien für die Festlegung von Anforderungen an die Beleuchtung; Deutsche Fassung EN 12665:2011

DIN EN 60204-1 Sicherheit von Maschinen – Elektrische Ausrüstung von Maschinen – Teil 1: Allgemeine Anforderungen (IEC 60204-1:2005, modifiziert); Deutsche Fassung EN 60204-1:2006

DIN EN 60825-1 Sicherheit von Lasereinrichtungen – Teil 1: Klassifizierung von Anlagen und Anforderungen (IEC 60825-1:2007); Deutsche Fassung EN 60208-1:2007

BGI 523 Mensch und Arbeitsplatz

BGI 5006 Expositionsgrenzwerte für künstliche optische Strahlung: 2004

BGR 131-1 Natürliche und künstliche Beleuchtung von Arbeitsstätten: 2006-10

BGV B2 UVV Laserstrahlung: 1997-01

3.8 Strahlung

3.8.1 Gefährdung durch Strahlung

Elektrische, magnetische, elektromagnetische und optische Strahlung decken den Bereich der Wellenlängen von etwa 10^{-15} bis 10^6 [m] und den Frequenzbereich energiereicher Strahlung ($1 - 10^{21}$ [Hz]) ab. Deren Wirkung für den menschlichen Körper ergibt sich vorrangig im Eintrag von Energie und den daraus entstehenden Wirkungen. Neben der Frequenz ist die Wirkung von Strahlung durch die Kenngrößen Feldstärke und Leistungsflussdichte gekennzeichnet. Strahlung wird teilweise zum Teil vom menschlichen Körper und anderen Stoffe absorbiert oder durchdrungen. Durch Absorption kommt es zu einem Energieeintrag mit thermischer Wirkung. In der Folge sind negative Wirkungen von leichten Verbrennungen bis hin zu Veränderungen von Zellstrukturen möglich. Strahlungen besitzen ein weitreichendes Gefährdungspotenzial, welches zusätzlich verstärkt wird, da der Mensch mit Ausnahme des sichtbaren Lichtes keine Sinnesorgane für die Wahrnehmung von Strahlung besitzt. In der Folge wird auftretende Strahlung nicht und/oder nur durch die verzögert entstehenden Folgen bemerkt. Strahlungen können in einem kurzfristigen oder über Jahre wirkenden Prozess irreversible Schäden erzeugen.

Eine allgemein bekannte Wirkung eines verzögerten Wahrnehmungseffektes ist das Auftreten von Hautverbrennungen durch UV-Licht beim Sonnenbaden. Diese und vergleichbare Formen von Verbrennungen können auch im Arbeitsprozess auftreten.

Niederfrequente Strahlung (elektr. Wechselfelder bis 30 kHz)	Hochfrequente Strahlung (Rundfunk, Radar, Mikrowellen)	Magnetische Wechselfelder (Bildschirmstrahlung, Transformatoren usw.)	Optische Strahlung (Infrarot, Ultraviolett, Laser)	Ionisierende Strahlung (Röntgen- und Teilchenstrahlung)
Wirkungen auf den Menschen				
Oszillation der Haare	Evtl. Einflüsse auf Nervensystem, Gehirn, Herz und Kreislauf (wissenschaftlich nicht eindeutig nachgewiesen)	Einflüsse auf menschlichen Organismus vermutet, jedoch wissenschaftlich nicht eindeutig nachgewiesen	Haut- und Augenschäden, lokale Erhitzung, Verbrennungen	Änderung des Erbgutes, Leukämie bzw. Krebs, Strahlenkrankheit
5 kV/m/t (24 h) 10 kV/m/t (8 h)	0,08 W/ kg 2,00 W/ kg (part.) 10 W/ m²	100 µT (50 Hz) 300 µT (16,7 Hz)	z. B. UV-Index Laserklassen	50 mSv/a (Maximal) 20 mSv/a für 5 Jahre in Folge

Abbildung 75: Klassifizierung von Strahlungsarten und Grenzwerte

Insbesondere über einen langen Zeitraum erworbene Schäden durch Strahlung lassen sich rückwirkend nur schwer einer Ursache zuordnen, um sichere Aussagen für die Festlegung von Grenzwerten zu treffen. Es empfiehlt sich aus diesem Grund, stets den aktuellsten Stand der Normung auf dem Gebiet des Strahlenschutzes zu recherchieren und diese Vorgaben/Empfehlungen entsprechend anzuwenden.

Auf die Wirkung einzelner im Arbeitsprozess vorkommender Strahlungsarten wie ultraviolettes Licht, Laser-Strahlung oder ionisierende Strahlung soll nicht im Detail eingegangen werden. Aktuelle Vorgaben finden sich in der Verordnung zum Schutz der Beschäftigten vor Gefährdungen durch künstliche optische Strahlung (OStrV): 2010.

Ohne auf die Vielfalt unterschiedlicher Belastungssituationen durch Strahlung und deren Vermeidung einzugehen, erfolgt im Weiteren eine grundsätzliche Auswahl von Schutzmaßnahmen für die einzelnen Frequenzbereiche.

Niederfrequente Strahlung	▪ Erdung von Objekten im Bereich niederfrequenter elektrischer Wechselfelder (Gefahr der elektrostatischen Aufladung) ▪ Isolation elektrischer Leiter
Hochfrequente Strahlung	▪ Inbetriebnahme von Geräten nur in einwandfreiem Zustand ▪ Abschirmung von Mikrowellenstrahlern ▪ Einsatz von Abschirmanzügen aus metallisiertem Nylon ▪ Abschaltung der Anlagen bei Nichtnutzung
Optische Strahlung Infrarot-Licht	▪ Hitzeschutzeinrichtungen, Abschirmungen ▪ Kühleinrichtungen ▪ Hitzeschutzkleidung, Brillen
Optische Strahlung Ultraviolett-Licht	▪ Abschirmungen, Brillen und Augenfilter ▪ Schutzkleidung, Handschuhe (Leder) ▪ Minimierung der Reflexion
Ionisierende Strahlung	▪ Bauliche Maßnahmen (Raumauskleidung mit absorbierenden Materialien), räumliche Trennung ▪ Schutzkleidung und Wechsel der Kleidung ▪ Erfassen der Strahlendosis

Abbildung 76: Auswahl von Maßnahmen zum Strahlenschutz

3.9 Weiterführende Gesetze, Verordnungen und Normen zum Schutz vor Strahlung

Gesetz über die elektromagnetische Verträglichkeit von Betriebsmitteln (EMVG) vom 26. 02. 2008, zuletzt geändert am 29. 07. 2009

9. GPSGV Neunte Verordnung zum Geräte- und Produktsicherheitsgesetz (Maschinenverordnung) vom 12. 05. 1993, zuletzt geandert am 18. 06. 2008

Verordnung zum Schutz der Beschäftigten vor Gefährdungen durch künstliche optische Strahlung (Arbeitsschutzverordnung zu künstlicher optischer Strahlung – **OStrV**): 2010

Verordnung über den Schutz vor Schäden durch Röntgenstrahlen (Röntgenverordnung – **RöV**) vom 08. 01. 1987, neugefasst durch Bek. vom 30. 04. 2003

Verordnung über Sicherheit und Gesundheitsschutz bei der Arbeit an Bildschirmgeräten (Bildschirmarbeitsverordnung – **BildschArbV**) vom 04. 12. 1996, zuletzt geändert am 18. 12. 2008

Normenreihe **DIN EN ISO 12198:2008** Sicherheit von Maschinen – Bewertung und Verminderung des Risikos der von Maschinen emittierten Strahlung

Normenreihe **DIN VDE 0848** Sicherheit in elektrischen, magnetischen und elektromagnetischen Feldern

BGV B11:2002 UVV Elektromagnetische Felder

BGI 650:2007 Bildschirm- und Büroarbeitsplätze, Leitfaden für die Gestaltung

3.10 Klimafaktoren

3.10.1 Arbeitsplatzklima

Die Leistungsfähigkeit eines Menschen hängt stark von seinem persönlichen Wohlbefinden ab. Ein ausgeglichener Wärmehaushalt und entsprechende klimatische Bedingungen sind Voraussetzungen dafür. Leistungsabfall, Unwohlsein, Krankheit bis hin zum Ausfall der Arbeitskraft können Folgeerscheinungen von schlechten Klimaparametern sein.

Von außen auf den Menschen wirkende Klimaparameter sind:

- Lufttemperatur
- Temperatur der Umschließungsfläche (in Räumen)
- Luftfeuchtigkeit
- Luftgeschwindigkeit und
- Wärmestrahlung.

Um die Wirkung der Klimafaktoren zu verstehen muss man die Wärmeregulation des menschlichen Körpers kennen.

Am deutlichsten werden physiologische Reaktionen bei der Gegenüberstellung niedriger und hoher Umgebungstemperaturen.

Niedrige Umgebungstemperaturen führen zum Wärmemangel des Körpers. Als Reaktion erfolgt eine höhere Sauerstoffaufnahme, durch welche die Versorgung lokaler Muskelkontraktionen gesichert wird. Im Ergebnis des muskulären Zitterns erfolgt eine Erhöhung der Wärmeproduktion im Körper. Gleichzeitig findet eine Absenkung der Herzfrequenz statt. Durch die damit verbundene Verringerung der Blutzirkulation reduziert sich die Abgabe der Wärme des Körperkerns an die Umgebung.

Hohe Umgebungstemperaturen erzeugen einen Wärmeüberschuss, auf den der Körper am effektivsten mit Schweißverdunstung zur Kühlung reagiert. Diese Form der Regulierung ist von der relativen Luftfeuchte abhängig, da bei 100 % Luftfeuchte die bereits gesättigte Aufnahmefähigkeit der Umgebungsluft eine Wärmeabgabe durch das Schwitzen verhindert. In einer weiteren Reaktion steigt die Herzfrequenz an, um durch Erhöhung der Blutzirkulation eine Steigerung der Wärmeableitung über Haut und Atemwege zu erreichen (siehe Abbildung 77).

Das Klima am Arbeitsplatz ergibt sich aus dem Zusammenspiel von Lufttemperatur und der relativen Luftfeuchte. Die relative Luftfeuchte berücksichtigt, dass die Fähigkeit der Luft, Wasser zu binden, mit steigenden Temperaturen zunimmt. Die Trockentemperatur und die mit einem feucht gehaltenen Messfühler ermittelte Feuchttemperatur erlauben mit den in DIN 33403 dargestellten Beziehungen eine einfache Ermittlung der relativen Luftfeuchtigkeit (siehe Abbildung 78).

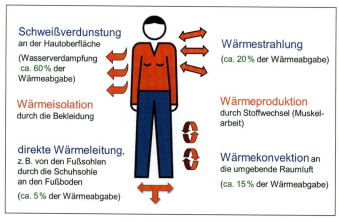

Abbildung 77: Wärmeregulation des menschlichen Körpers

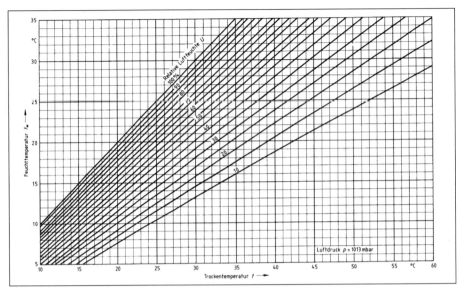

Abbildung 78: Bestimmung der relativen Luftfeuchte nach DIN 33403-1:1984-04; Abschnitt 3.2

In Räumlichkeiten mit unterschiedlichen Temperaturbereichen, beispielsweise Werkhallen mit Oberlichtern und Heizung im Bodenbereich, kann es an sogenannten Kältebrücken zur Bildung von Kondensat kommen. Problematisch ist dies in Bereichen mit technologisch bedingt hoher Luftfeuchte, da es bei dauerhafter Feuchtigkeit zur Schimmelbildung oder dem Abtropfen des Kondensats kommen kann. In der Folge treten nicht nur Belastungen für die Mitarbeiter, sondern auch für das Bauwerk und die darin verwendete Technik auf.

Weitere Elemente der Klimabewertung sind Luftbewegung und Wärmestrahlung. Während die Wärmestrahlung vor allem zur lokalen Aufheizung und damit zu einer Störung des Wärmeempfindens führen kann, wird die Luftbewegung neben ihrer lokalen Wirkung (Zug) als Teil des Arbeitsplatzklimas mit der Bestimmung der Normaleffektivtemperatur (NET) berücksichtigt. Die Normaleffektivtemperatur ist Basis der klimatischen Bewertung von Arbeitsbereichen (siehe Abbildung 79).

Die unterschiedliche Wahrnehmung der exakt messbaren, äußeren klimatischen Größen entsteht durch personenbezogene klimatische Größen. Dazu zählen:

- Kleidung,
- Arbeitsschwere,
- Konstitution und
- Kondition.

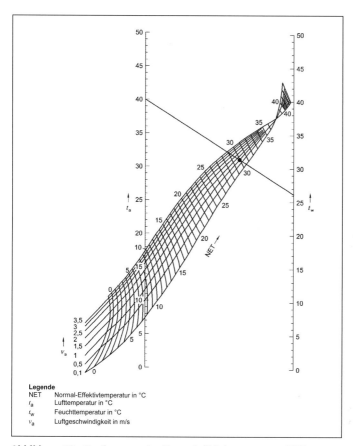

Abbildung 79: Bestimmung der Normaleffektivtemperatur NET nach Yaglou in DIN 33403-3:2001-07; Abschnitt 4.2

Eine Beurteilung der klimatischen Wirkung von Bekleidung erfolgt über den Isolationswert nach DIN EN ISO 7730:2006-05. Der Isolationswert wird in „Clothing"-Einheiten angegeben. Der Isolationswert reicht von 0 clo = unbekleidet über 1 clo, dies entspricht in etwa Arbeitsbekleidung oder einem festen Straßenanzug, bis über 3 clo für Polarbekleidung.

Problematisch stellen sich Kombinationen wie die Isolation vor Hitze bei gleichzeitiger hoher Arbeitsschwere dar. Beispiele dafür sind die Arbeit an Hochöfen oder bei der Feuerwehr. Die eigentlich als Hitzeschutz gedachte Isolation kann in Kombination mit schwerer körperlicher Arbeit zum Rückstau der eigenen Körperwärme und damit zum Hitzekollaps führen.

Trainingszustand, Tagesverfassung und weitere individuelle Eigenschaften führen in Abhängigkeit der zu erfüllenden Arbeitsaufgaben zur situativen Wahrnehmung und Wirkung der äußeren Klimafaktoren. Selbst bei Einhaltung eines Behaglichkeitsklimas nach DIN EN ISO 7730:2006-05 ist im Allgemeinen von etwa 5 % Unzufriedenen auszugehen (siehe Abbildung 80).

Schlussfolgernd stellen sich Möglichkeiten einer individuellen Regelung von Klimafaktoren als ideale gestalterische Lösung dar. Zur Orientierung gelten für sitzende Tätigkeiten im Büro 18 °C – 23 °C Raumtemperatur, 30 % – 65 % rel. Luftfeuchte; max. 0,1 m/s Luftgeschwindigkeit und maximal 250 W/m² Wärmestrahlung. Bei schwerer körperlicher Arbeit wird z. B. eine niedrigere Temperatur bevorzugt (siehe Abbildung 81).

Als Gestaltungsziele für die Schaffung eines optimalen Umgebungsklimas ergibt sich in Abhängigkeit der Einflussmöglichkeiten die folgende Rangfolge:

- Behaglichkeitsklima: Thermisch-neutral, behaglich, Wärmebilanz ausgeglichen, z. B. Büroklima

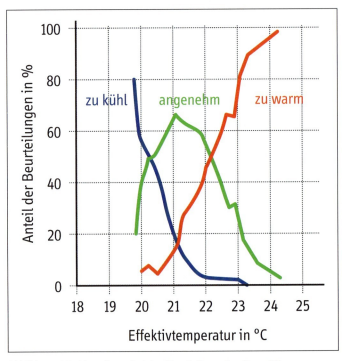

Abbildung 80: Verteilung bei der Beurteilung des Raumklimas

- Erträglichkeitsklima: Belastung und Beanspruchung von Klima und Arbeit liegen im Erträglichkeitsbereich; d. h., Ermüdung und Erholung werden im Rahmen des 8-Stunden-Tages ausgeglichen, z. B. Wärmezone, leichte Kälte
- Ausführbare Klimabedingungen: Belastungen und Beanspruchungen von Arbeit und Klima können nur begrenzte Zeit ausgehalten werden; erfordern Erwärmungs- oder Aufwärmpausen, z. B. Hitzezone, Tiefkälte
- Schädigungslose Klimabedingungen: Kurzzeitiges Arbeiten unter extremer Hitze oder Kälte, Schutz vor schädigender Hitze, Wärmestrahlung, Kälte und schädigenden heißen oder kalten Berührungsflächen.

Bedingung		Effekt	Wirkung auf die Gesundheit
Temperatur	Zu kalt	Der Körper gibt mehr Wärme an die Umgebung ab, als er durch den Energieumsatz erzeugt.	Unangenehm Feinmotorische Arbeiten werden schwieriger Häufigeres Auftreten von Erkältungskrankheiten
	Zu warm	Der Körper kann die erzeugte Wärme nicht an die Umgebung abgeben.	Unangenehm Die Konzentration lässt nach Die Reizbarkeit nimmt zu Die körperliche Leistungsfähigkeit nimmt ab, Ermüdung tritt früher ein
Luftfeuchtigkeit	Zu trocken	Die Schleimhäute trocknen aus.	Unangenehm Heiserkeit tritt auf Erkrankungen des Nasen-Rachen-Raumes und der Atemwege treten auf
	Zu feucht	Die Schweißverdunstung wird verhindert.	Unangenehm Bei gleichzeitiger Hitze besteht die Gefahr schneller Überhitzung
Luftgeschwindigkeit	Zu hohe Luftgeschwindigkeit	Örtliche Unterkühlung, besonders, wenn gleichzeitig geschwitzt wird.	Erkältungen treten auf Schleimhäute trocknen aus Erkrankungen des Nasen-Rachen-Raumes und der Atemwege entstehen
Wärmestrahlung	Zu starke Wärmeeinstrahlung	Der Körper wird lokal oder als Ganzes stark aufgeheizt.	Unangenehm Die Thermoregulation wird gestört

Abbildung 81: Übersicht möglicher negativer Auswirkungen von Klimafaktoren

3.10.2 Wirkung kalter und heißer Medien

Der Kontakt mit kalten und heißen Medien im Arbeitsprozess kann an exponierten Stellen zu schweren Schädigungen der Hautoberfläche durch Erfrierungen bzw. Verbrennungen führen. Bei der Gestaltung von Anlagen und Maschinen kommt deshalb der Vermeidung von Gefährdungen durch entsprechend temperierte Oberflächen eine große Bedeutung zu.

Tabelle 7: Beispiele typischer kalter und heißer Medien

Kalte Medien	Heiße Medien
Kalte Oberflächen	Heiße Oberflächen
Kalte Flüssigkeiten	Heißdampf/Heißluft
Verflüssigte Gase	Offene Flammen
Verdampfende Kältemittel	Spritzer heißer Medien

Die folgenden beiden Übersichten zeigen mögliche Gefährdungen heißer und kalter Medien in Abhängigkeit der Kontaktdauer.

Wirkung	Erfrierung	Taubheit	Schmerz	Wärmeträgheit F_o
Material	Oberflächentemperatur T_0 [°C]			[10^6 J²/s m⁴ K²]
Aluminium	−7,0	+3	15	449
Stahl	−12,5	−1	15	52,9
Stein	−18,5	−15	3,5	4,35
Nylon	−	−40	−6	0,61
Holz	−	−	−10	0,27

Abbildung 82: Schwellenwerte der Oberflächentemperatur für verschiedene Wirkungen ausgewählter Materialien (DIN EN ISO 13732-3:2008-12; Abschnitt 5)

Material	Kontaktdauer		
	1 min	10 min	8 Std +
Unbeschichtete Metalle	51	48	43
Beschichtete Metalle	51	48	43
Keramische Materialien	56	48	43
Kunststoffe	60	48	43
Holz	60	48	43

Abbildung 83: Verbrennungsschwellen T_o (°C) bei Berührung heißer Oberflächen verschiedener Materialien (nach DIN EN ISO 13732-1:2008-12; Abschnitt 4.2.3)

Lassen sich entsprechend temperierte Oberflächen nicht vermeiden, so bestehen verschiedene technische Gestaltungsmöglichkeiten zur Verminderung der Ausbreitung von Wärmestrahlung:

- Schutzschirme
- Kettenvorhänge
- Wasserschleier
- Absorbierende oder reflektierende Glasoberflächen
- Isolierung von Maschinenteilen
- Klimaanlagen.

Auch für Gefährdungen durch extrem temperierte Medien sollte der Einsatz von Schutzausrüstung, wie das Tragen von Handschuhe oder Visieren, stets als nachgeordnete Option betrachtet werden.

Weiterführende Richtlinien, Regeln und Normen zur Gestaltung von Klima und thermischen Umgebungsfaktoren 3.11

Technische Regeln für Arbeitsstätten **ASR A3.5**, Raumtemperatur; **ASR3.6** Lüftung

BGI 5012:2005   Beurteilung des Raumklimas

Normenreihe **DIN 33403**   Klima am Arbeitsplatz und in der Arbeitsumgebung

DIN EN ISO 13732-1   Ergonomie der thermischen Umgebung – Bewertungsverfahren für menschliche Reaktionen bei Kontakt mit Oberflächen – Teil 1: Heiße Oberflächen (ISO 13732-1:2006); Deutsche Fassung EN ISO 13732-1:2008

DIN EN ISO 11399   Ergonomie des Umgebungsklimas – Grundlagen und Anwendung relevanter internationaler Normen (ISO 11399:1995); Deutsche Fassung EN ISO 11399:2000

DIN EN ISO 7730   Ergonomie der thermischen Umgebung – Analytische Bestimmung und Interpretation der thermischen Behaglichkeit durch Berechnung des PMV- und des PPD-Indexes und Kriterien der lokalen thermischen Behaglichkeit (ISO 7730:2005); Deutsche Fassung EN ISO 7730:2005

DIN EN ISO 7933   Ergonomie der thermischen Umgebung – Analytische Bestimmung und Interpretation der Wärmebelastung durch Berechnung der vorhergesagten Wärmebeanspruchung (ISO 7933:2004); Deutsche Fassung EN ISO 7933:2004

DIN EN ISO 9920   Ergonomie der thermischen Umgebung – Abschätzung der Wärmeisolation und des Verdunstungswiderstandes einer Bekleidungskombination (ISO 9920:2007, korrigierte Fassung 2008-11-01); Deutsche Fassung EN ISO 9920:2009

DIN EN 27243 Warmes Umgebungsklima – Ermittlung der Wärmebelastung des arbeitenden Menschen mit dem WBGT-Index (wet bulb globe temperature) (ISO 27243:1989); Deutsche Fassung EN ISO 27243:1993

DIN EN ISO 8996 Ergonomie der thermischen Umgebung – Bestimmung des körpereigenen Energieumsatzes (ISO 8996:2004); Deutsche Fassung EN ISO 8996:2004

DIN EN ISO 11079 Ergonomie der thermischen Umgebung – Bestimmung und Interpretation der Kältebelastung bei Verwendung der erforderlichen Isolation der Bekleidung (IREQ) und lokalen Kühlwirkungen (ISO 11079:2007); Deutsche Fassung EN ISO 11079:2007

Normenreihe **DIN 50011** Klimate und ihre technische Anwendung; Klimaprüfeinrichtungen

3.12 Gefahrstoffe

Klassifizierung von Gefahrstoffen

Grundlage für die Einordnung gefährlicher Stoffe ist das Gesetz zum Schutz vor gefährlichen Stoffen (Chemikaliengesetz – ChemG) vom 02. Juli 2008.

Gefährliche Stoffe oder gefährliche Zubereitungen sind Stoffe oder Zubereitungen, die:

- explosionsgefährlich,
- brandfördernd,
- hochentzündlich,
- leichtentzündlich,
- entzündlich,
- sehr giftig,
- giftig,
- gesundheitsschädlich,
- ätzend,
- reizend,
- sensibilisierend,
- krebserzeugend,
- fortpflanzungsgefährdend,
- erbgutverändernd oder
- umweltgefährlich sind;

ausgenommen sind gefährliche Eigenschaften ionisierender Strahlen, da diese Stoffe gesondert betrachtet werden.

Umweltgefährlich sind Stoffe oder Zubereitungen, die selbst oder deren Umwandlungsprodukte geeignet sind, die Beschaffenheit des Naturhaushalts von Wasser, Boden oder Luft, Klima, Tieren, Pflanzen oder Mikroorganismen derart zu verändern, dass dadurch sofort oder später Gefahren für die Umwelt herbeigeführt werden können.

Gefahrstoffe sind entsprechend der EG-Verordnung 1272/2008 zu kennzeichnen. Nach dem Beginn der Einführung im Januar 2009 hat der Gesetzgeber schrittweise Übergangsfristen bis 12/2010 und 12/2012 festgesetzt. Für neue Produkte sind die Kennzeichnungsregelungen aber sofort bindend (siehe Abbildung 84).

Ergänzend zur grundsätzlichen Klassifikation nach Gefährdungsarten werden Gefahrstoffe auch in Abhängigkeit ihres Aggregatzustandes, der Partikelgröße und stofflicher Bindung systematisiert. Dies ist notwendig, da diese Einflussgrößen maßgeblich für die Bestimmung möglicher Aufnahmewege und die sich daraus ergebenden Schutzmaßnahmen verantwortlich sind. Als Aufnahmewege werden unterschieden:

- Einatmen,
- Verschlucken und/oder
- Hautresorption.

Die Aufnahmeform kann ausschließlich oder in Kombination erfolgen (siehe Abbildung 85).

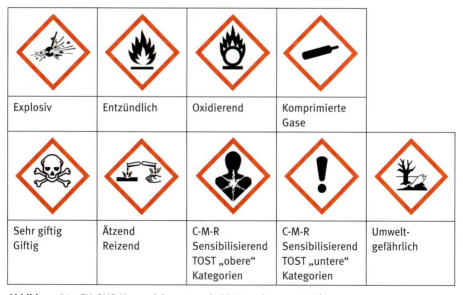

Abbildung 84: EU-GHS-Kennzeichnung nach EG-Verordnung 1272/2008

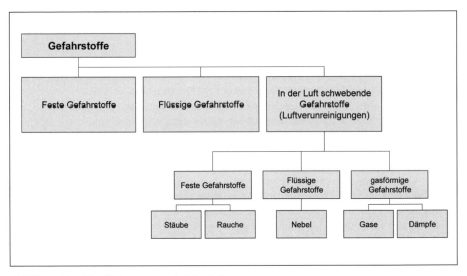

Abbildung 85: Klassifizierung von Gefahrstoffen

Große Staubpartikel mit einem Durchmesser zwischen 10 µm und 100 µm bleiben bereits in den feinen Härchen der Nase hängen. Teilchen, die 5 µm bis 10 µm groß sind, lagern sich vornehmlich in Bronchien und Tracheen (Thorax) ab, und noch kleinere Partikel dringen bis zu den Lungenbläschen, Alveolen, vor. Die Selbstreinigungsmechanismen dieser drei Bereiche unterscheiden sich jedoch erheblich: Während die Reinigungszeiten der oberen Atemwege nur Stunden oder Tage betragen, kann es Monate bis Jahre dauern, bis die Teilchen wieder aus dem Alveolar-Raum entfernt sind. Zum Teil lagern sich die Partikel irreversibel in das Gewebe ein. Kohlestaub wird noch Jahre nach der Exposition im Lungengewebe von Bergarbeitern nachgewiesen. Hier greift beispielsweise auch die seit Anfang 2005 in Kraft gesetzte EU-Feinstaubverordnung.

Ähnlich wie bei der Strahlung können Effekte durch die Aufnahme von Feinstäuben mit großer zeitlicher Verzögerung auftreten. Ein vollständig abgesicherter, wissenschaftlich begründeter Nachweis des Zusammenhangs der Aufnahme von Feinstaub mit Herz-Kreislauf-Erkrankungen oder einer krebserzeugenden Wirkung solcher Stoffe ist im Einzelfall nur schwer möglich.

Zu den **Hauptschädigungsformen** zählen:

- fibrogene Stäube: Neubildung von Bindegewebe (Wucherung), Bluthochdruck, gestörter Gasaustausch

- inerte Stäube: Belastung der Reinigungs- und Ablagerungskapazität der Lunge
- toxische Stäube/Gase: Vergiftung
- allergisierend Stäube: Reizung und Entzündung von Haut und Atemwegen
- kanzerogene Stäube: fruchtschädigende und krebserregende Wirkung
- Gase und Dämpfe: Reizungen, Schleimhautauflösung, ätzende Wirkung, Hautentfettung, Störung des Nervensystems usw.

Alle Gefahrstoffe sind anzeigepflichtig. Jeder Hersteller ist verpflichtet, die Gefährlichkeit eines Stoffes nach vorgegebenem Muster zu testen und den Nutzern entsprechende Verwendungshinweise in Form eines Sicherheitsdatenblattes zur Verfügung zu stellen.

Unternehmen, die Gefahrstoffe einsetzen, müssen ein Gefahrstoffkataster führen, Arbeitsunterweisungen durchführen, die Gefahrstoffe kennzeichnen und entsprechende Arbeitshinweise veröffentlichen. Die Gefahrstoffkennzeichnung unterliegt der Europäischen Richtlinie 67/548/EWG. Die Kennzeichnung von Gefahrstoffen liegt in der Verantwortung des Herstellers bzw. des Händlers, der einen Stoff in Verkehr bringt.

In der Gefahrstoffverordnung (01/2005) wurde in Ablösung der Maximalen Arbeitsplatzkonzentration der **Arbeitsplatzgrenzwert (AGW)** eingeführt:

Der **AGW-Wert** [mg/m^3 bzw. ml/m^3] ist die höchstzulässige Konzentration eines Arbeitsstoffes als Gas, Dampf oder Schwebstoff in der Luft am Arbeitsplatz, die nach dem gegenwärtigen Stand der Kenntnis auch bei wiederholter und langfristiger – in der Regel 8-stündiger Exposition – im Allgemeinen die Gesundheit der Beschäftigten nicht beeinträchtigt oder diese nicht unangemessen belästigt. (TRK-Werte wurden vollständig abgeschafft bzw. durch AGW-Werte ersetzt.)

Alle Werte sind bei Vorliegen neuer, anerkannter arbeitswissenschaftlicher und sonstiger relevanter Erkenntnisse zu überarbeiten. Der jährlich aktualisierte Stand von Grenzwerten wird in der TRGS 900 veröffentlicht.

Schutz vor Gefahrstoffen

Zum Schutz der Mitarbeiter gilt auch für Gefahrstoffe die Maßnahmenrangfolge zur Gestaltung der Arbeitsumweltbedingungen:
- **Primäre Maßnahmen:**
    - Ersatz von Gefahrstoffen durch alternative weniger gefährliche Stoffe bzw. Technologien (lösungsmittelfreie Farb- oder Klebstoffe)

- **Sekundäre Maßnahmen**
  - Umhausung von Prozessen mit Gefahrstoffeinsatz (geschlossene Prozesse)
  - Verringerung der Expositionszeit durch Wechseltätigkeit unterhalb der Grenzwertangaben
  - Einschränkung des Zugangs zu Gefahrstoffen (abgeschlossene Labors, Aufstellung von Laserdruckern in separaten Räumen)
  - Absaugungen/Unterdruck im Bereich
  - Einrichtung von Schleusen

- **Tertiäre Maßnahmen**
  - Tragen persönlicher Schutzausrüstung
  - Unterweisung der Mitarbeiter im Umgang mit Gefahrstoffen
  - Vorsorgeuntersuchungen.

3.13 Weiterführende Gesetze, Verordnungen und Normen zur Vermeidung von Belastungen durch Gefahrstoffe

DIN EN 626-1 Sicherheit von Maschinen – Reduzierung des Gesundheitsrisikos durch Gefahrstoffe, die von Maschinen ausgehen – Teil 1: Grundsätze und Festlegungen für Maschinenhersteller; Deutsche Fassung EN 626-1:1994 + A1:2008

DIN EN 689 Arbeitsplatzatmosphäre – Anleitung zur Ermittlung der inhalativen Exposition gegenüber chemischen Stoffen zum Vergleich mit Grenzwerten und Meßstrategie; Deutsche Fassung EN 689:1995

DIN EN 1093-11 Sicherheit von Maschinen – Bewertung der Emission von luftgetragenen Gefahrstoffen – Teil 11: Reinigungsindex; Deutsche Fassung EN 1093-11:2001 + A1:2008

Verordnung (EG) Nr. 1907/2006 des Europäischen Parlaments und des Rates zur Registrierung, Bewertung, Zulassung und Beschränkung chemischer Stoffe (REACH) – **REACH-Verordnung**

Gesetz zum Schutz vor schädlichen Umwelteinwirkungen durch Luftverunreinigung, Geräusche, Erschütterungen und ähnliche Vorgänge – **Bundes-Immissionsschutzgesetz – BImSchG** vom 26. 09. 2002, zuletzt geändert 11. August 2010

Technische Anleitung Luft – TA Luft vom 20. 07. 2002

Gesetz zum Schutz vor gefährlichen Stoffen – **Chemikaliengesetz – ChemG** vom 02. Juli 2008

Verordnung zum Schutz vor Gefahrstoffen – **Gefahrstoffverordnung** – **GefahrstoffVO** vom 23. 12. 2004, zuletzt geändert am 18. 12. 2008 (29. 11. 2010)

Verordnung über Verbote und Beschränkungen des Inverkehrbringens gefährlicher Stoffe, Zubereitungen und Erzeugnisse nach dem Chemikaliengesetz – **Chemikalien-VerbotsVO**

TRGS 101:1996 Begriffsbestimmung zur GefahrstoffVO

TRGS 102:1997 Technische Richtkonzentration (TRK) für gefährliche Stoffe

TRGS 402:2010 Ermittlung und Beurteilung der Konzentration gefährlicher Stoffe in der Luft in Arbeitsbereichen

GefahrstoffVO Reihe – Ersatzstoffe und Ersatzverfahren

TRGS 900:2006 Arbeitsplatzgrenzwerte

Mensch-Maschine-Interaktion 4

Die Mensch-Maschine-Interaktion hat die zwei grundsätzlichen Aspekte:

- Steuern bzw. Regeln von Maschinen durch Informationseingabe oder Krafteinleitung an Stellteilen und Ausgabe von Informationen mittels Anzeigen
- Handhabung von Teilen bei der Bestückung von Maschinen bzw. Werkstückträgern, Entnehmen von bearbeiteten Teilen, Rüsten, Warten.

In diesem Kapitel werden deshalb zunächst die Auswahl und Gestaltung von Stellteilen behandelt. Es schließen sich Ausführungen zur Anzeigengestaltung an.

Bei der Mensch-Maschine-Interaktion kommt es neben der körperlichen Belastung auch zu einer psychischen Belastung durch die Informationsaufnahme, -verarbeitung und -abgabe. In der Maschinenrichtlinie ist die Anforderung enthalten, dass körperliche und psychische Fehlbeanspruchung des Bedienungspersonals auf das mögliche Mindestmaß reduziert sein muss (vgl. MRL, Anhang I, Abschnitt 1.1.6 „Ergonomie"). Durch eine entsprechende Gestaltung der Mensch-Maschine-Interaktion kann dieses Ziel erreicht werden (Abschnitt 5.4).

Die Erkenntnisse zur Reduzierung der psychischen Beanspruchung sind in die Regeln der Software-Ergonomie (Abschnitt 5.5) eingeflossen.

Körperkräfte und die Anforderungen an die Handhabung von Werkstücken werden in Abschnitt 4.6 behandelt und in Abschnitt 4.7 geht es um die Ermittlung von zulässigen Körperkräften.

Stellteilauswahl und -gestaltung 4.1

Stellteile (auch Bedienteile, Betätigungsteile oder Steuerarmaturen genannt) sind Elemente an Arbeitsmitteln, die durch Hand, Finger oder Fuß bewegt werden. Sie dienen der Steuerung von Geräten oder Einrichtungen.

Die Möglichkeiten der Informationseingabe haben sich in den letzten Jahren stark weiterentwickelt. Die früheren eher kraftbetonten, klassisch-mechanischen Anwendungen, die ausschließlich über Finger, Hand und Arm bzw. Fuß und Bein bedient werden konnten, werden in der heutigen Zeit um Verfahren ergänzt, welche zusätzlich Gesten, Blick- oder gesamte Körperbewegungen des Benutzers einbeziehen.

Traditionelle Werkzeugmaschinen wurden in der Vergangenheit über Handräder und Hebel bedient, mittels derer die Steuerbefehle bez. Bewegungen in die Maschine eingeleitet wurden. Zeitgemäße Werkzeugmaschinen verfügen über eine numerische Steuerung, mittels derer die einzelnen Achsen angesteuert werden können.

Brems- und Lenkkräfte in Fahrzeugen werden heutzutage über Servo-Einrichtungen verstärkt und auch bei mobilen Arbeitsmaschinen hat der Joystick die manuellen Hydrauliksteuerventile abgelöst.

Neben der Eingabe von Bewegungen (z. B. Drehregler) gewinnt zunehmend der Aspekt des zeitgesteuerten Tastendrucks an Bedeutung.

Die Auswahl und Gestaltung von Stellteilen gewinnen damit mehr und mehr an Bedeutung für die Kundenzufriedenheit bei der Benutzung eines Produkts.

Abbildung 86 zeigt die schematische Darstellung einer Maschine. Bezüglich der Mensch-Maschine-Interaktion ist das Steuerungssystem von Bedeutung. Es können zwei Schnittstellen zum Menschen identifiziert werden: Die Informationsausgabe mit Signalen, Anzeigen und Warnhinweisen und die Informationseingabe an Steuerungseinrichtungen mittels Stellteilen.

Nachfolgend wird zunächst die generelle Vorgehensweise zur Auswahl und Gestaltung von Stellteilen erläutert, um dann vertiefend auf Greif- und Kopplungsarten und verschiedene Achslagen von Stellteilen und deren Abmessungen einzugehen. Es wird ein Lösungskatalog zur

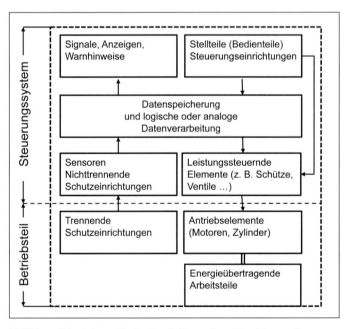

Abbildung 86: Schematische Darstellung einer Maschine nach DIN EN ISO 12100:2011-03; Anhang A

richtigen Auswahl von Stellteilen vorgestellt. Die Bestimmung von Stellteilabmessungen, Oberflächengestaltung von Stellteilen und grundlegende Kompatibilitätsprinzipien runden den Abschnitt ab.

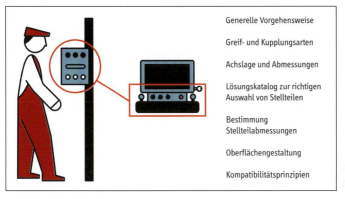

Abbildung 87: Übersicht

Greifart

Die Greifart bestimmt die Art der Verbindung zwischen Finger bzw. Hand und dem Stellteil. Je nach Handhabungszweck wird eine umfassende oder nur flüchtige sowie für die Finger entweder große Beweglichkeit oder starre Ankopplung angestrebt. Zu unterscheiden sind die drei Greifarten Kontaktgriff, Zufassungsgriff und Umfassungsgriff.

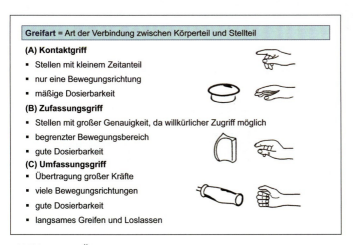

Abbildung 88: Übersicht

Beim Kontaktgriff liegen die Kopplungsglieder (Finger, Hand) nur auf der Kopplungsfläche (Werkzeug) auf. Es handelt sich um einen offenen Griff. Als Beispiele können der Druckknopf, der Kippschalter und die Tastatur angeführt werden.

Der Zufassungsgriff ist dadurch charakterisiert, dass die Kopplungsglieder von mehreren Seiten punktuell an der Kopplungsfläche anliegen. Das Stellteil wird ohne Umfassung gehalten und geführt. Drehknopf oder Schlüssel sind typische Beispiele für den Zufassungsgriff.

Beim Umfassungsgriff müssen alle Kopplungsglieder das Stellteil vollständig umfassen. Beispiele sind Kurbeln oder Zugbügel.

Kopplungsart

Die Kopplungsart bestimmt die Kraftübertragung zwischen Körperteil und Stellteil. Man unterscheidet zwei Kopplungsarten, den Reibschluss sowie den Formschluss.

Beim Formschluss wirken Kraft und Drehmoment senkrecht (radial) zur Berührungsfläche zwischen Körperteil und Stellteil. Die Kraftübertragung erfolgt unmittelbar über das Werkzeug. Als Beispiele können Schlüssel aus einem Schloss ziehen und Klettern an einer Kletterstange genannt werden. Typische Beispiele sind Drehen eines Schlüssels im Schloss oder Turnen an der Sprossenwand.

Der Reibschluss ist dadurch gekennzeichnet, dass die Kraft bzw. das Drehmoment in der Berührungsfläche zwischen Körperteil und Stellteil (tangential, längs zum Stellteil und zur Bewegungsrichtung) wirkt. Die Kraft wird mittelbar über die Reibungskraft übertragen. Zu Beispielen zählen Schlüssel aus einem Schloss ziehen und Klettern an einer Kletterstange.

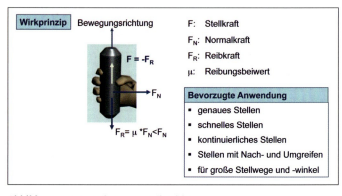

Abbildung 89: Kopplungsart Reibschluss

Der Reibschluss ist gekennzeichnet durch:

- nur unmittelbare Kraftentfaltung entsprechend Reibbeiwert
- nur Übertragung eines gewissen Prozentsatzes des aufzubringenden Kraftaufwandes
- die Haltekräfte neutralisieren sich in der Summe und tragen daher nicht zur Arbeitskraft bei
- leichtere Lösbarkeit der Kraftankopplung
- Beweglichkeit der Hand-Griff-Kopplung.

In Bild 90 und Tabelle 8 sind Beispiele für Stellteilgrundformen bei Reibschluss aufgeführt.

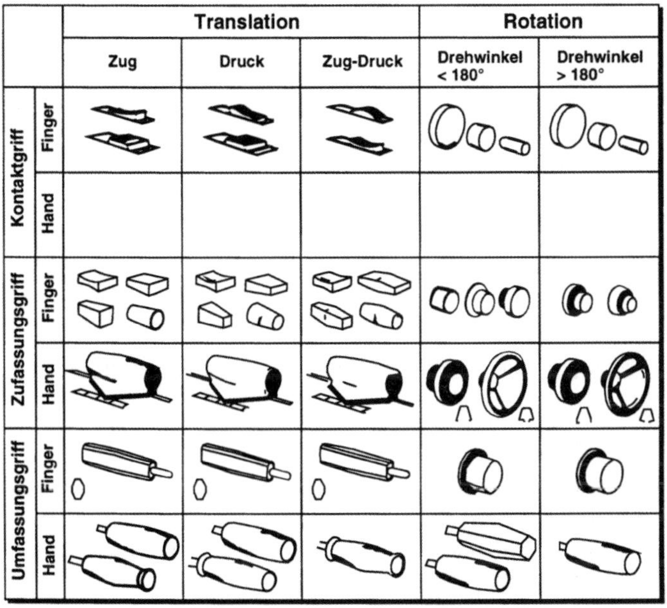

Abbildung 90: Grundformen bei Reibschluss

Tabelle 8: Beispiele für Stellteile bei Reibschluss

Kontaktgriff	Zufassungsgriff	Umfassungsgriff
Gleitschieber für kontinuierliches Stellen	Lenkrad, wobei Handfläche oder Fingergrundglieder lose am Lenkradkranz anliegen und dieses bei Rotation mitnehmen	Drehknebel, die mit den Fingerbeeren gefasst werden. Schraubendrehergriff, bei dem die ganze Handinnenfläche Kontakt zum Griff hat

Beim Formschluss greifen Haltekräfte gleichsinnig zur Arbeitskraft an, die Kraft in den Fingern ist folglich nur geringfügig größer als die ausgeübte Kraft.

- Andruckkraft am Stellteil trägt direkt zur Arbeitskraft bei
- geringe Schubkraft notwendig
- formschlüssige Formgebung trägt zur Verbesserung der Kopplungsbedingungen und Verminderung von Greifkräften bei (siehe Tabelle 9 sowie Abbildungen 91 und 92).

Bei der Anordnung von Stellteilen sind die Hinweise in Abbildung 93 zu beachten. Bei Stellteilen für translatorische Bewegungen ist durch Fluchten von Unterarm-Längsachse und funktioneller Achse ein geradliniger Kraftfluss vom Unterarm auf das Stellteil gegeben. Bei Stellteilen für Rotationsbewegungen ist eine normale Handhaltung belastungsgünstig. Bei abgewinkeltem Handgelenk werden die Sehnen ansonsten im Carpal-Tunnel umgelenkt, was mit Reibung verbunden ist, und es besteht die Gefahr der Sehnenscheidenentzündung; bei abgewinkeltem Handgelenk kommt es weiterhin nicht zur optimalen Kraftentfaltung, die Feinmotorik der Finger ist gestört.

Tabelle 9: Beispiele für Stellteile bei Formschluss

Kontaktgriff	Zufassungsgriff	Umfassungsgriff
Drehregler	Drehschalter, Schlüssel	Joystickgriff
Gleitschieber	Bügelgriffe	Spatengriff

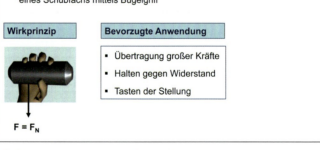

Abbildung 91: Kopplungsart Formschluss

		Translation			Rotation	
		Zug	Druck	Zug-Druck	Drehwinkel < 180°	Drehwinkel > 180°
Kontaktgriff	Finger	☉	☉☉	⌐⌐	🔧	⊙
	Hand	⌐⌐	⊙	⌐		
Zufassungsgriff	Finger	⌐	⌐	⌐	⌐	⌐
	Hand	⌐	⌐	⌐	⌐	⌐
Umfassungsgriff	Finger	▬			⌐	⌐
	Hand	⌐	⌐	⌐	⌐	⌐

Abbildung 92: Grundformen bei Formschluss

Anordnung, Art des Stellteils soll gewährleisten:

Bei translatorischen Bewegungen:
Fluchten von Unterarmlängs- und Handachse

Bei rotatorischen Bewegungen:
Fluchten von anatomischer und funktioneller Achse

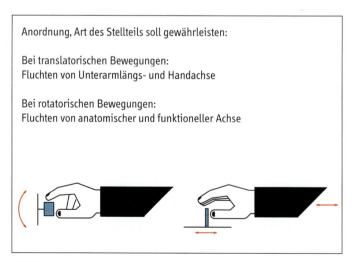

Abbildung 93: Anordnung von Stellteilen

Auswahl von Stellteilen:

Anhand von Eignungskriterien kann aus Lösungskatalogen ein geeignetes Stellteil ausgewählt werden. Die Eignungskriterien widerspiegeln die aus der Stellaufgabe resultierenden Anforderungen.

Tabelle 10: Eignungskriterien für Stellteile:

Leistung	Kommunikation	Sicherheit
Stellkraft, Stellmoment, Stellgenauigkeit, Schnelligkeit	Tastbarkeit der Einstellung, Visuelle Erkennbarkeit der Einstellung	Unbeabsichtigtes Stellen, Abgleiten vom Stellteil, Stellmöglichkeit mit Handschuhen, Reinigung/Hygiene

In der DIN EN 894-3:2010-01 werden dazu Auswahlhilfen gegeben. Tabelle 11 zeigt ein Beispiel.

Zunächst wird anhand der allgemeinen Anforderungen (Leistungskriterien, Bewegungsmerkmale) eine geeignete Stellteilfamilie ermittelt, die bestmöglich die umzusetzende Stellaufgabe erfüllen kann.

Im Beispiel ist das ein Schiebeknopf, der für kontinuierliches Stellen in z-Richtung (hoch, runter) eine sehr schnelle und genaue Ausführung gewährleistet.

Der Schiebeknopf kann nur sehr geringe Kräfte übertragen, da die Stellbewegung mit Zweifingerzufassung durchgeführt wird.

Danach wird die Stellteilfamilie anhand weiterer Kriterien (kommunikative, sicherheitstechnische, Greifmerkmale) weiter eingegrenzt und so wird z. B. ein Schiebeknopf mit Kantenprofil gewählt, weil aus der Stellaufgabe z. B. nur die Anforderung „unbeabsichtigtes Abgleiten vom

Tabelle 11: Lösungskatalog nach DIN EN 894-3:2010-01; Abschnitt 6, Grobauswahl

+Z / -Z	Erreichbarkeit der Anforderungen			Bewegungsmerkmal	Nummer der Stellteilfamilie	
	a) Stellgenauigkeit	b) Stellgeschwindigkeit	c) Stellkraft	k) Achsen und l) Richtung der Bewegung	m) diskrete Bewegung	n) kontinuierliche Bewegung
→	◐	◑	◐	Y –	9	16
	◐	●	○	Z +/–	1	10

Stellteil vermeiden" abgeleitet wurde, die ausreichend von beiden Schiebeknöpfen (mit Kantenprofil, mit Zeiger) erfüllt wird, jedoch die kantige Form aus anderen Gründen (Design, einfache Ausführung etc.) bevorzugt wird (siehe Tabelle 12).

Um eine ungehinderte Stellbewegung ausführen zu können, sind Mindestabstände zwischen gleichartigen Stellteilen einzuhalten.

Auch zwischen verschiedenen Stellteilfamilien sind Mindestabstände aufgrund der Stellcharakteristik zu beachten (z. B. zwischen Druckknopf und Wippschalter).

Eine Erhöhung der Reibungskraft zwischen Hand und Griff zur Übertragung höherer Kräfte bzw. Drehmomente kann durch eine Erhöhung der Normalkraft (Andruckkraft, Anpresskraft) sowie durch die Vergrößerung der Kopplungsfläche erreicht werden.

Druckanthropomorphe Werkstoffe (z. B. Gummi) haben einen hohen Reibwert. Sie passen sich durch eine gewisse Verformung an die Hand- bzw. Fingerkonturen an und vergrößern dadurch die Kopplungsfläche.

Tabelle 12: Lösungskatalog nach DIN EN 894-3:2010-01; Abschnitt 7, Feinauswahl

Translatorische Stellteile – kontinuierliche Stellbewegungen									
Stellteilfamile	Stellteiltyp	Typische Beispiele							Bemerkungen
Nr.	Greifmerkmale o) Greifart p) Teil der Hand			d Sichtkontrolle	e Tastkontrolle	f Unbeabsichtigtes Stellen	g Reibung	h Stellen mit Handschuh	i Reinigungsmöglichkeit	**Kommunikative und sicherheitstechnische Kriterien** ←
10	Kontaktgriff Finger senkrecht	Schiebeknopf mit Kantenprofil		◐	○	○	◕	◐	◐	Sichtkontrolle ist von der Ausrichtung abhängig
		Schiebeknopf mit Zeiger		●	○	○	◕	◐	◐	Sichtkontrolle ist von der Ausrichtung abhängig

Kompatibilität

Kompatibilität bedeutet, dass technische Systeme sich erwartungskonform verhalten. Bereits Gelerntes bleibt gleich und kann auf andere Situationen angewendet werden. Ziel ist, dass beim Anwender durch bloße Betrachtung des Stellteils eine Vorstellung über dessen Bedienung und die daraus resultierende Maschinenfunktion hervorgerufen wird. Die Vorteile liegen darin, dass Lern- und Übungsphasen verkürzt und die qualitative sowie quantitative Arbeitsleistung gesteigert werden. Des Weiteren führt die Regel zu einer verringerten Gefahr von Fehlbehandlungen.

> **Kompatibilität = Sinnfälligkeit**
>
> bei der verknüpfenden Gestaltung von Informationseingabe- und -ausgabesystemen wird gewissen Erwartungen des Nutzers entsprochen
>
> - Verkürzung von Lernphasen
> - Verringerung von Fehlhandlungen
> - Ausprägung von **Stereotypien** = angelernte, weitgehend unbewusste und automatisiert ablaufende Reaktion (stabile Verhaltensmuster)
>
> Form rund: Drehen
>
> → Abbildungsstereotypien
> → Zuordnungsstereotypien von Signalen und Reaktionen
> → Erwartungsstereotypien
> → Interpretationsstereotypien
> → Reaktionsstereotypien

Abbildung 94: Kompatibilität = Sinnfälligkeit

Stereotypien:

Populationsstereotypien sind bei großen Menschengruppen (Populationen) oder allen Menschen wirksame, erlernte oder angeborene hochgradig gefestigte (stereotype) Reaktionsgewohnheiten (stabile Verhaltensmuster).

Beispiele:

- Abbildungsstereotypien (Leserichtung von links nach rechts, von oben nach unten)
- Interpretationsstereotypien (nach oben bedeutet Zunahme, nach unten Abnahme)
- Zuordnungsstereotypien von Signalen und Reaktionen (Sinnfälligkeit von Bewegungsrichtungen: z. B. im Uhrzeigersinn heißt nach rechts)

- Erwartungsstereotypien (stärkerer Druck gleich stärkerer Effekt)
- Reaktionsstereotypien (Orientierungsreaktionen).

Im Folgenden werden Beispiele für Kompatibilitätsaspekte vorgestellt.

Farbe (rot, gelb, grün, ...)

- Hervorhebung von Elementen;
- zur Gruppierung/Zusammenfassung;
- für Zustandsanzeigen.

Form (regelmäßig, unregelmäßig, rund, eckig, ...)

- zur optischen Unterscheidung;
- zum Ertasten;
- für Gruppierungen;
- zur Suche über größere Abstände.

Größe

- zur Hervorhebung von Elementen;
- Suche gleicher Funktionen über größere Abstände;
- Information zur Bedeutung eines Elements.

Position

- zur Hervorhebung der Bedeutung;
- Funktion;
- Abfolge des Einsatzes;
- Beziehung zu anderen Elementen.

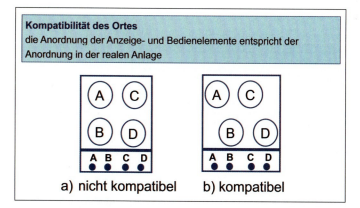

Abbildung 95: Kompatibilität der Anordnung nach: CHAPANIS, A., & LINDENBAUM, I. E. (1959): A reaction time study of four control-display linkages. Human Factors, 1, 1–14

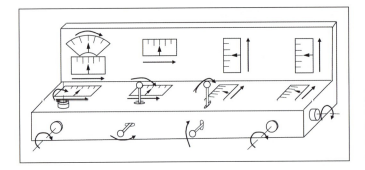

Abbildung 96: Kompatibilität der Bewegungsrichtung nach Grandjean, E. (1991)

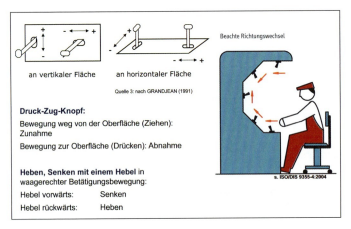

Abbildung 97: Kompatibilität der Betätigungsrichtung

Vorgehensweise

Abbildung 98 zeigt die Vorgehensweise zur Gestaltung bzw. Auswahl von Stellteilen.

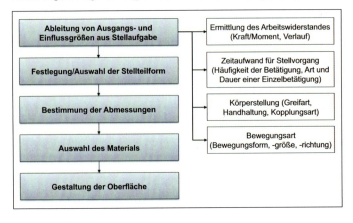

Abbildung 98: Vorgehensweise zur Gestaltung und Auswahl von Stellteilen

Auswahl und Gestaltung von Anzeigen 4.2

Um Informationen über Prozessvorgänge und -zustände zu erhalten, benötigen wir Anzeigen. Dieser Abschnitt beschäftigt sich mit der richtigen Auswahl und Gestaltung von Anzeigen. Dabei wird zunächst vermittelt, warum wir eine mittelbare Informationsübertragung brauchen und anhand welcher benutzter Sinneskanäle und auf Grund welcher Informationstypen welche Anzeigen sinnvoll sind. Dann wird vertiefend auf die Gestaltung von optischen Anzeigen eingegangen (siehe Abbildung 99).

Anzeigen sind für eine quantitative und exakte Informationsübertragung von der Maschine an den Menschen notwendig. Beispiele für eine unmittelbare Informationsübertragung sind: Schwingungen bei sich bewegenden Teilen oder Gerüche bei Überlastung von Maschinen. Der Informationsgehalt der unmittelbaren Informationsübertragung reicht aber in der Regel für eine Maschinensteuerung nicht aus. In der Abbildung 100 wird die unmittelbare der mittelbaren Informationsübertragung gegenübergestellt.

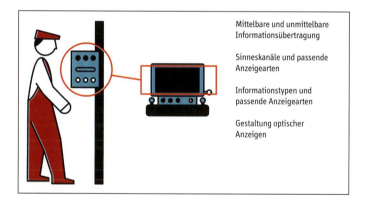

Abbildung 99:
Übersicht

Abbildung 100:
Unmittelbare und mittelbare Informationsübertragung

Arten von Anzeigen

Die Modalität von Anzeigen, d. h. Informationsausgabesystemen, orientiert sich an den Sinnesorganen des Menschen (vgl. Abbildung 101).

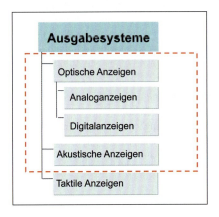

Abbildung 101:
Sinneskanäle und Arten von Anzeigen

Von den möglichen Modalitäten

1. visuell (sehen);
2. auditiv (hören);
3. haptisch (fühlen und tasten);
4. olfaktorisch (riechen);
5. gustatorisch (schmecken);
6. vestibulär (Gleichgewicht) und
7. thermisch

kommen (derzeit) hauptsächlich die zwei erstgenannten für technische Anzeigen in Frage.

Gesichtspunkte für optische und akustische Anzeigen sind in der Abbildung 102 aufgelistet.

Auditive Wahrnehmung besitzt bezüglich der eindeutigen Unterscheidbarkeit einer großen Zahl verschiedener Signale herausragende Eigenschaften. Zur Wahrnehmung einer vielschichtigen Information (z. B. einer Grafik oder eines Bildes) erweist sich zwar die visuelle Wahrnehmung als mindestens ebenbürtig, dies gilt jedoch nicht für die eindeutige Unterscheidung bestimmter Signale.

Je nach Informationstyp (und -menge) sind unterschiedliche optische und akustische Anzeigen geeignet. In der folgenden Abbildung ist hierzu eine Übersicht enthalten.

Voraussetzungen für optische Anzeigen	Voraussetzungen für akustische Anzeigen
▪ umfangreiche, komplexe Information ▪ örtliche und zeitliche, diskrete und kontinuierliche Information ▪ mehrmals benötigte Information ▪ vom Beobachter abzurufende Info ▪ simultan oder sequentiell darzustellende Information ▪ eingeengter Beobachtungsbereich ▪ gezielte Nachrichtenübermittlung an einzelnen Beobachter oder an Gruppe ▪ Platzbedarf im Blickfeld ▪ hoher Umgebungslärm zulässig	▪ kleine Informationsmenge ▪ einfache Information ▪ zeitliche, diskrete Information ▪ einmalige benötigte Information ▪ sofort zu beachtende Information ▪ sequentiell darzustellende Info ▪ variabler Beobachterstandort ▪ Informationsübermittlung an Gruppe ▪ hohe Auffälligkeit ▪ kein Platzbedarf im Blickfeld ▪ geringe oder hohe Beleuchtung zulässig

Abbildung 102: Gesichtspunkte für optische und akustische Anzeigen

Tabelle 13: Eignung von Anzeigen je nach Informationstyp
(Quelle: Göbel 2000)

Informationstyp	Geeignete optische Anzeigen	Geeignete akustische Anzeigen
Binär (zwei Zustände)	Kontrollleuchten	Hupen, einfache Warntöne
Kontinuierlich (metrische Skala)	Zeigerinstrumente	Maschinendrehzahl (Hören der Frequenz)
Diskret (verschiedene feste Zustände)	Alphanumerische Anzeigen	Sirenen, Warntöne, verschiedenartige Geräusche
Komplexe Information	Bildschirmanzeigen (Grafiken, Flussbilder)	Sprache, Klänge und Geräusche (z. B. EKG-Überwachung im Krankenhaus)

Weiterhin sind je nach Wahrnehmungsaufgabe unterschiedliche Anzeigen geeignet.

Tabelle 14: Wahrnehmungsaufgabe und Art der Anzeige (Norm DIN EN 894-3:2010-03; Abschnitt 4.2.6, Tabelle 4)

Art der Anzeige	Wahrnehmungsaufgabe			
	Ablesen eines Messwertes	Kontrollablesung	Überwachung von Messwertschwankungen	Kombination von Wahrnehmungsaufgaben
Digitale Anzeige	Empfohlen	Ungeeignet	Ungeeignet	Ungeeignet
Analoge Anzeigen 360° Skale 270° Skale 180° Skale	Geeignet	Empfohlen	Empfohlen	Empfohlen
90° Skale	Geeignet	Empfohlen	Geeignet	Geeignet

Genauso wie bei Stellteilen muss auch bei Anzeigen die Kompatibilität beachtet werden. Kompatibilität oder Sinnfälligkeit liegt vor, wenn bei der Gestaltung des Handlungs- oder Informationsausgabebereiches von Arbeitsmitteln gewissen Erwartungen des Menschen

- bezüglich einer statischen bzw. räumlichen Zu- und Anordnung der Anzeigen und Stellteile und
- bezüglich der Zuordnung dynamischer Vorgänge an Anzeigen und Stellteilen

entsprochen wird.

Das wesentliche Ziel bei der Anzeigengestaltung ist es, eine eindeutige und leicht erlernbare Benutzung/Ablesbarkeit zu ermöglichen; dies versucht man mit einer sinnfälligen Anordnung und Gestaltung zu erreichen. Die mit Abstand am häufigsten angewendeten Arten von Sinnfälligkeit sind die Richtungskompatibilität und die räumliche Kompatibilität.

Wenn sich keine Kompatibilität erzeugen lässt, versucht man Konventionen zu benutzen, womit bestimmte Sachverhalte zwar willkürlich, aber „überall" in der gleichen Weise definiert werden. Damit kann (wenigstens) einmal erlerntes Wissen übertragen werden. Es bilden sich beim Benutzer mentale Modelle, d. h., er hat eine Vorstellung davon, wie etwas funktioniert bzw. welche Darstellung auf einer Anzeige welche Bedeutung hat.

Die wichtigsten Konventionen sind

a) Richtungskonventionen

b) Farbkonventionen.

Eine Berücksichtigung der mentalen Modelle bei der Arbeitsmittelgestaltung führt:

- zu einer Verkürzung der Lern- und Übungsphase
- zu einer Erhöhung der qualitativen und quantitativen Arbeitsleistung
- zu einer verringerten Gefahr der Fehlhandlung.

Für den deutschen Kulturraum bestehen die folgenden Farbkonventionen:

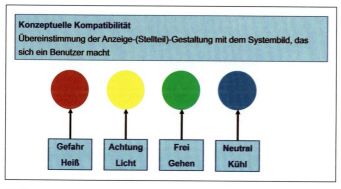

Abbildung 103: Farbkonventionen

In der DIN EN 894-2 werden Kompatibilitätsprinzipien von Anzeigen aufgeführt. Die Wesentlichen werden nachfolgend aufgeführt.

- Mehrere Anzeigen: Gleiche Winkelstellung bei Normalzuständen;
- Anbringen von Anzeigen in gleicher Reihenfolge wie die dazugehörigen Maschinen/Bedienelemente (von links nach rechts, von oben nach unten usw.);
- Anzeige von Zunahmen: nach rechts oder nach oben;
- Anzeigen von Abnahmen: nach links oder nach unten.

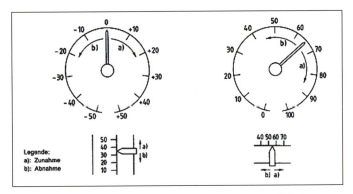

Abbildung 104: Beispiel für die Anwendung von Kompatibilitätsprinzipien für Anzeigen nach DIN EN 894-2:2009-02; Abschnitt 4.2.3

4.3 Analog- und Digitalanzeigen

Neben den im letzten Abschnitt behandelten grundlegenden Sachverhalten zur Anzeigengestaltung gibt es detaillierte Regeln zu optischen Anzeigen. Optische Anzeigen können in analoge und digitale Anzeigen eingeteilt werden. Folgende Aspekte bei der Auswahl und Gestaltung von Analog- oder Digitalanzeigen werden nachfolgend behandelt:

- Anwendungsfälle für Analog- und Digitalanzeigen;
- Anzeigemöglichkeiten;
- Ausführungsformen von Analoganzeigen;
- Gestaltung von Bildschirmanzeigen.

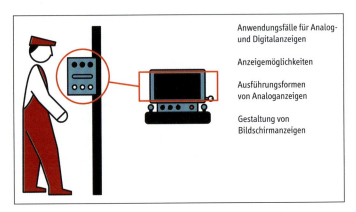

Abbildung 105: Übersicht

Eine sehr häufig anzutreffende Aufgabe besteht darin, Messgrößen, die mit einem Zahlenwert ausgedrückt werden (z. B. Geschwindigkeiten, Temperaturen oder Zeit), anzuzeigen. Unter einer analogen Anzeige versteht man eine Einrichtung, mit der quantitative Größen stufenlos, d. h. kontinuierlich, abgebildet werden.

Normalerweise werden dazu Instrumente mit bewegtem Zeiger oder mit bewegter Skala verwendet. Diese eignen sich besonders gut für kontinuierlich ablaufende Vorgänge, da nicht nur der Messwert, sondern auch dessen Änderung für den Betrachter erfassbar wird. Somit können Betriebszustände gut abgebildet werden.

Mit Digitalanzeigen werden zwar prinzipiell nur diskrete (d. h. gestufte) Werte abgebildet, durch Aneinanderreihung mehrerer einzelner Ziffern können Zahlenwerte aber so fein gestuft abgebildet werden, dass damit insgesamt eine deutlich genauere Wertedarstellung als bei Analoganzeigen möglich ist.

Im Unterschied zu Analoganzeigen sind Werteveränderungen allerdings nur sehr schlecht zu erfassen. Dies gilt sowohl für die Richtung der Veränderung (größer oder kleiner werdender Messwert) als auch für die Geschwindigkeit der Werteveränderung. Sich schnell ändernde Größen sind in der Regel überhaupt nicht zu erkennen. Die Ablesesicherheit ist wiederum, eine ausreichende Zeit zum Ablesen vorausgesetzt, sehr hoch, weiterhin ist der Platzbedarf in der Regel kleiner.

Digitalanzeigen finden vorzugsweise da Anwendung, wo ein Endwert zweifelsfrei und mit hoher Genauigkeit abgelesen werden soll, z. B. bei Tanksäulen, Waagen und Stoppuhren.

In der Abbildung 106 wird dazu eine Übersicht gegeben.

Bei integrierten Anzeigen wird versucht, die Vorteile der Analog- und der Digitalanzeige zu verbinden, indem die absolute Anzeigegröße und deren Veränderung mit zwei getrennten Elementen dargestellt werden. Ein Beispiel wird in der folgenden Grafik gezeigt (siehe Abbildung 107).

In der Abbildung 108 werden beispielhaft unterschiedliche Ausführungsformen von Analoganzeigen dargestellt.

Analoganzeigen können auf einem bewegten Zeiger oder auf einer bewegten Skala basieren. Der sich bewegende Zeiger erlaubt eine schnelle und sichere Orientierung, benötigt jedoch eine größere Fläche. Bei der bewegten Skala ist die Ablesegenauigkeit in der Regel besser, die Größenordnung des Ablesewertes ist mangels Orientierung jedoch schlechter zu erfassen. (Abhilfe kann hier beispielsweise eine farblich verschieden unterlegte Skala bieten.)

Langfeldskalen können anstelle von Rundskalen für beide genannten Anzeigearten ausgelegt werden. Langfeldskalen mit bewegtem Zeiger sind jedoch Rundskalen bei der schnellen Grobeinschätzung unterlegen, da die Information über die Winkelstellung des Zeigers fehlt (bei der Rundskala bleibt der Bezugspunkt des Zeiger fest, wohingegen der Zeiger bei der Langfeldskala zu suchen ist).

Bei kontinuierlich ablaufenden Vorgängen (z. B. Uhrzeit) kommt eine umlaufende Skala zur Anwendung. Bei Messwerten mit einem definierten Anfangs- und Endzustand (z. B. Fahrzeuggeschwindigkeit) bedient man sich einer Sektor-Skala.

Für die Skaleneinteilung werden in der DIN EN 894 Empfehlungen gegeben (siehe Abbildung 109).

		Analoganzeige					Digitalanzeige	
Bezeichnung		Rund-skalen-anzeige	Sektor-skalen-anzeige	Langfeld-skalen-anzeige	Fenster-skalen-anzeige	Leucht-balken-anzeige	Elektron. Ziffern-anzeige	Bild-schirm
Aktives Element		Zeiger	Zeiger	Zeiger	Skala	Balken	Ziffer	Zeichen
Abbildung								
Auswahlkriterien	Sicheres Ablesen	●	●	●	●	●	●	●
	Qualitatives Ablesen	●	●	●	●	●	●	●
	Quantitatives Ablesen	●	●	●	●	●	●	●
	Vergleichen von Anzeigen	●	●	●	●	●	●	●
	Einstellen von Werten	●	●	●	●	●	●	●
	Regeln	●	●	●	●	●	●	●
Legenden:		● sehr gut geeignet		● gut geeignet				
		● geeignet	● bedingt geeignet	● ungeeignet				

Abbildung 106: Anwendungsfälle für Analog- und Digitalanzeigen

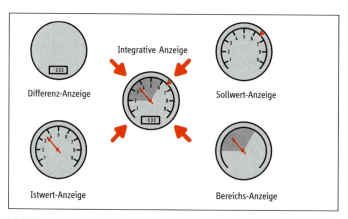

Abbildung 107: Integrative Anzeige

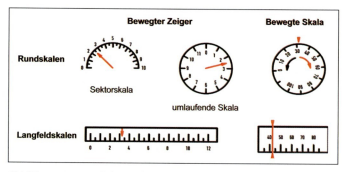

Abbildung 108: Ausführungsformen von Analoganzeigen nach Schmidtke, 1993

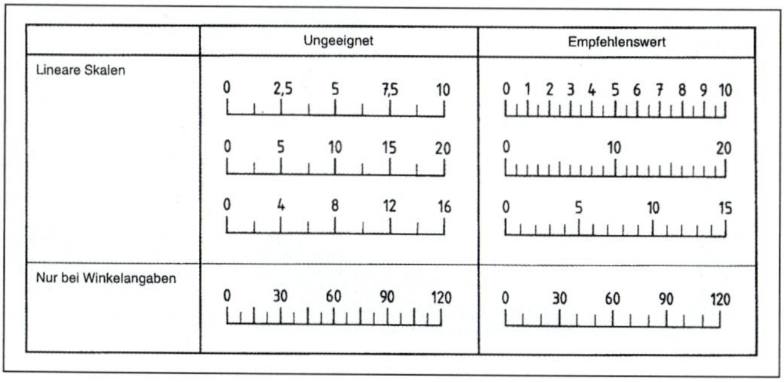

Abbildung 109: Beispiele für Skaleneinteilung und Beschriftung (Norm DIN EN 894-2:2009-02; Abschnitt 4.2.4, Bilder 5a und 5b)

Bildschirmanzeigen (Displays) bieten viele Gestaltungsmöglichkeiten und sind flexibel in unterschiedlichen Größen einsetzbar. Sie eignen sich vorzugsweise zur Darstellung komplexer Sachverhalte (z. B. Grafiken, Flussbilder oder Diagramme). Ihr Vorteil ist die große Variabilität der Informationsdarstellung, welche eine zustandsabhängige Konzentration auf die relevanten Informationen an einem bestimmten Ort erlaubt. Dies ist jedoch auch gleichzeitig ihr Nachteil, denn:

- man muss den Inhalt als solchen erkennen und kann nicht anhand des Ortes (wie z. B. bei einer Signalleuchte) eine Vorklassifikation vornehmen;
- aufgrund der Vielzahl möglicher Anzeigeinhalte kann der Benutzer mit neuartigen Informationen konfrontiert werden, die für ihn nicht ohne weiteres interpretierbar sind (es sei denn, der Benutzer ist für alle Anzeigekonstellationen geschult);
- aufgrund der begrenzten Anzeigefläche können u. U. nicht alle relevanten Informationen gleichzeitig dargestellt werden. In diesen Fällen ist eine Auswahlmöglichkeit notwendig.

Eine Sonderform der Bildschirmanzeigen sind sog. Touchscreens. Hier wird durch Berühren einer sensitiven Fläche ein Steuerbefehl eingegeben. Der Vorteil von Touchscreens liegt darin, dass die sensitiven Flächen je nach Kontext eine andere Funktion auslösen können. Häufig wird auch auf dem Bildschirm eine Tastatur dargestellt, mit der Informationen eingegeben werden können (siehe Abbildung 110).

Bei der Informationsdarstellung auf Bildschirmen muss auch der Farbgestaltung Aufmerksamkeit gewidmet werden. Besonders ungünstig ist die Kombination von roter und blauer Farbe, da das Auge für Rot

Abbildung 110: Anwendungsbeispiele für den Einsatz des Touchscreens als Bedienoberflächen für Personalcomputer und Mobiltelefone

weitsichtig und für Blau kurzsichtig ist und beide Farben gleichzeitig deswegen nicht scharf gesehen werden können (vgl. Abbildung 111).

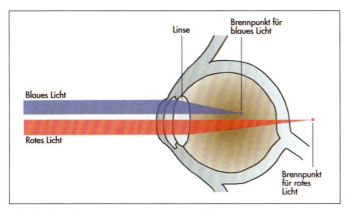

Abbildung 111: Brennpunkte für rotes und blaues Licht

In Tabelle 15 lassen sich empfohlene Farbkombinationen für Zeichen und Hintergrund finden.

Tabelle 15: Empfohlene Farbkombinationen für Zeichen und Untergrund (BGI 650:2004)

Untergrundfarbe	Zeichenfarbe							
	Schwarz	Weiß	Purpur	Blau	Cyan	Grün	Gelb	Rot
Schwarz		+	+	−	+	+	+	−
Weiß	++		+	+	−	−	−	+
Purpur	+	+		−	−	−	−	−
Blau	−	+	−		+	−	+	−
Cyan	+	−	−	+		−	−	−
Grün	+	−	−	+	−		+	+
Gelb	+	−	+	+	−	−		+
Rot	−	+	−	−	−	−	+	

Psychische Belastung   4.4

In der Maschinenrichtlinie ist die Anforderung enthalten, dass körperliche und psychische Fehlbeanspruchung des Bedienungspersonals auf das mögliche Mindestmaß reduziert sein muss (vgl. MRL, Anhang I, Abschnitt 1.1.6 „Ergonomie"). Damit ist es notwendig, sich mit dem Aspekt der psychischen Belastung und Beanspruchung bei der Interaktion des Menschen mit technischen Systemen zu beschäftigen. Bei psychischer Belastung muss beachtet werden, dass sowohl ein „zuviel" als auch ein „zuwenig" für den Menschen ungünstig ist. Die jeweiligen individuellen Leistungsvoraussetzungen des Menschen sind entsprechend dem Belastungs-Beanspruchungs-Konzept die Grundlage für die Wirkung von Anforderungen aus der Arbeitstätigkeit. Diese Anforderungen aus der Arbeitstätigkeit sind die Belastungen, die eben je nach Ausprägung Über- und Unterforderung bewirken können.

In Abbildung 112 wird dieses verdeutlicht.

Psychische Fehlbeanspruchung als Folge von Überforderung kann die in Abbildung 113 aufgeführten Ausprägungen haben.

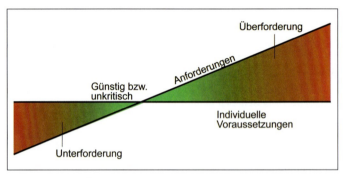

Abbildung 112: Über- und Unterforderung bei psychischen Belastungen bzw. Anforderungen

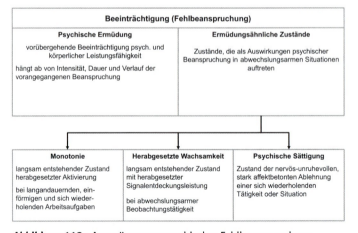

Abbildung 113: Ausprägungen psychischer Fehlbeanspruchung

In der DIN EN ISO 10075 „Ergonomische Grundlagen bezüglich psychischer Arbeitsbelastung" werden in Teil 2 Gestaltungsgrundsätze aufgeführt. Nachfolgend werden diese auszugsweise vorgestellt.

Vermeidung von Ermüdung durch:

- Eindeutige Aufgaben;
- Klare Bedienstrategien (First-in-First-out-Strategien sind verhältnismäßig einfach. Hierarchische Bedienungsstrategien sind komplexer);
- Angemessener Informationsumfang (keine überflüssige und auch keine fehlenden Informationen);
- Eindeutige Informationen (z. B. Wert akzeptabel oder nicht akzeptabel);
- Sichere Entscheidungsunterstützung;
- Benutzeradäquate Signalunterscheidbarkeit;
- Angepasste Redundanz der angezeigten Informationen;
- Kompatible Informationsdarstellungen, Steuerbewegungen und Systemantworten;
- Angepasste Genauigkeit der Informationsverarbeitung (nicht jenseits menschlicher Kapazitäten);
- Serielle (und nicht parallele) Informationsverarbeitung;
- Keine zeitverzögerten Antworten des Systems;
- Nutzung mentaler Modelle;
- Relativurteile bei der Entscheidungsfindung gegenüber Absolut-Urteilen bevorzugen;
- Angepasste Nutzung des Arbeitsgedächtnisses des Systembenutzers;
- Angepasste Nutzung des Langzeitgedächtnisses des Systembenutzers (z. B. bei selten auftretenden Zuständen);
- Steuerbarkeit von dynamischen Systemen;
- Wenige Dimensionen gleichzeitiger motorischer Aktivitäten (z. B. gleichzeitig Translation und Rotation);
- An die Aufgabe angepasste Arbeitsumgebung;
- Möglichkeit zur sozialen Interaktion;
- Wechsel in den Aufgabenanforderungen;
- Vermeiden von Zeitdruck;
- Angepasste zeitliche Verteilung der Arbeitsbelastung (z. B. durch Arbeitszeitgestaltung, Ruhe- und Pausenzeiten, Dauer).

Abbildung 114: Beispiel für einen Bereich hoher Gestaltungsanforderungen – Leitstand eines Energieversorgers

Vermeidung von Monotonie durch:

- Mechanisierung oder Automatisierung repetitiver Funktionen mit eng eingeschränkten Aufgabenanforderungen;
- Möglichkeit der sozialen Interaktion;
- Erholungspausen;
- Unterschiedliche Aufgaben;
- Vergrößerung des Beachtungsumfangs, z. B. durch komplexere Aufgaben;
- Möglichkeiten für körperliche Aktivität;
- Arbeitsumgebungsgestaltung (Licht, Klima, Schall, ...).

Vermeidung von herabgesetzter Wachsamkeit durch:

- Vermeidung von Daueraufmerksamkeit;
- Sicherstellen angemessener Signalunterscheidbarkeit.

Vermeidung von psychischer Sättigung durch:

- Geeignete Funktionsverteilung zwischen Operator und Maschine, z. B. Automatisieren von einfachen, sich wiederholenden Aufgabenelementen;

- Sinnvolle Arbeitsaufgaben;
- Aufgaben mit Entwicklungsmöglichkeiten;
- Aufgabenerweiterung;
- Aufgabenbereicherung;
- Tätigkeitswechsel;
- Strukturierung des Tätigkeitsablaufs durch Erholungspausen;
- Systematischer Wechsel zwischen verschiedenen Tätigkeiten;
- Vermeidung von Bedingungen, die zu Monotonie und/oder herabgesetzter Wachsamkeit führen.

Software-Ergonomie 4.5

Software-Ergonomie ist die Anwendung der Erkenntnisse der Mensch-Maschine-Interaktion auf Software. Software soll die Arbeit des Menschen unterstützen. Ergonomische Software ist „gebrauchstaugliche" Software, die den Benutzer bei seiner Arbeit unterstützt, ohne ihm Arbeitsschritte oder Probleme zu verursachen, die durch die Software (und nicht durch die Arbeitsaufgabe selbst) bedingt sind.

In der Bildschirmarbeitsverordnung ist festgelegt, dass die „Grundsätze der Ergonomie" einzuhalten sind. Diese Grundsätze sind nicht nur für Bildschirmarbeitsplätze relevant, sondern können auch allgemein für jegliche Software, wie z. B. zur Maschinensteuerung, verwendet werden.

Grundsätze der Ergonomie in der internationalen Normenreihe ISO 9241 „Ergonomische Anforderungen für Bürotätigkeiten mit Bildschirmgeräten", die in 17 Teilen die verschiedenen Aspekte der menschengerechten (= ergonomischen) Gestaltung von Bildschirmarbeitsplätzen behandelt. Insbesondere die ISO 9241-11 „Anforderungen an die Gebrauchstauglichkeit – Leitsätze" ist allgemein von Interesse. Eine Software ist somit nicht absolut „gut" oder „schlecht", sondern für einen bestimmten Einsatzzweck mehr oder weniger gut geeignet.

Die Gebrauchstauglichkeit einer Software ist dadurch gekennzeichnet, dass der Nutzer effektiv, effizient und zufriedenstellend mit der Software arbeiten kann.

Effektivität bedeutet dabei, dass der Benutzer die vorgesehenen Aufgaben mit der Software erledigen kann und die benötigten Ergebnisse korrekt erreicht. D. h., die Arbeitsaufgabe muss erfüllt werden können.

Die Effizienz der Software wird durch den Aufwand bestimmt, den der Benutzer bei der Bearbeitung der Arbeitsaufgabe mit der Software treiben muss. Software soll den arbeitenden Menschen unterstützen und somit zu einer Arbeitserleichterung führen, d. h. zu einer Senkung des notwendigen Bedienaufwands und ggf. der aufzuwendenden Denkarbeit.

Schließlich soll der Benutzer mit der Software zufrieden sein, d. h., er soll diese Unterstützung tatsächlich wahrnehmen und die Software als nützliches Hilfsmittel akzeptieren.

Eine Software ist also dann ergonomisch (gebrauchstauglich), wenn sie für die auszuführenden Aufgaben des Benutzers geeignet ist, den Benutzer unterstützt und ihm Vorteile verschafft. Wenn der Benutzer durch fehlende Funktionalität, durch Mehraufwand oder durch fehlerhafte Ergebnisse wesentlich beeinträchtigt wird, dann ist die Software nicht ergonomisch.

Die Gebrauchstauglichkeit von Software (als Summe von Effektivität, Effizienz und Zufriedenstellung) wird nur zu einem relativ geringen Teil durch die unmittelbare Oberflächengestaltung (wie z. B. Anordnung der Elemente oder Farbe) beeinflusst.

Dialoggestaltung

Für die ergonomische Gestaltung einer Software gibt es 7 Grundsätze, die in der Internationalen Norm ISO 9241-10 „Grundsätze der Dialoggestaltung" beschrieben sind:

1. Aufgabenangemessenheit: Ein Dialog ist aufgabenangemessen, wenn er den Benutzer bei der Erledigung seiner Arbeitsaufgaben unterstützt, ohne ihn durch Eigenschaften des Dialogsystems unnötig zu belasten.

   Beispiel:
   Eine aufgabenangemessene Software zeigt dem Benutzer nur solche Informationen, die er im Zusammenhang mit der Erledigung seiner Arbeitsaufgabe braucht, und lenkt ihn nicht durch irrelevante Informationen oder unnötige Dialogschritte ab, die nichts mit der Arbeitsaufgabe zu tun haben.

2. Selbstbeschreibungsfähigkeit: Ein Dialog ist selbstbeschreibungsfähig, wenn jeder Dialogschritt entweder unmittelbar verständlich ist oder dem Benutzer auf Anfrage erklärt wird.

   Beispiel:
   Eine selbstbeschreibungsfähige Software erläutert dem Anwender, was er wie eingeben soll. So ist z. B. die Angabe: „Ihr Zugangscode muss aus 8 unterschiedlichen Zahlen bestehen" eindeutig.

3. Erwartungskonformität: Ein Dialog ist erwartungskonform, wenn er einheitlich aufgebaut (konsistent) ist und den Erwartungen der Benutzer entspricht, die diese aufgrund ihrer Kenntnisse aus dem Arbeitsgebiet, ihrer Ausbildung sowie allgemein anerkannter Konventionen hegen.

   Beispiel:
   Bei einer erwartungskonformen Software erfolgt die Bedienung auf eine einheitliche Art, und das Programm benutzt die Fachausdrücke,

die im Bereich der Arbeitsaufgabe des Benutzers tatsächlich verwendet werden.

4. Lernförderlichkeit: Ein Dialog ist lernförderlich, wenn er den Benutzer in den Lernphasen unterstützt.

   Beispiel:
   Wenn eine Software aufgabenangemessen und selbstbeschreibungsfähig ist und sich erwartungskonform verhält, ist bereits viel für leichte Erlernbarkeit getan. Eine lernförderliche Software würde z. B. zusätzlich ein „learning by doing" ermöglichen, d. h., das Ausprobieren neuer Funktionen erlauben, ohne den Benutzer für Fehler gleich durch Datenverlust o. Ä. zu „bestrafen" und dadurch jede Experimentierfreude im Keim zu ersticken.

5. Steuerbarkeit: Ein Dialog ist steuerbar, wenn der Benutzer in der Lage ist, den Dialogablauf zu starten sowie seine Richtung und Geschwindigkeit zu beeinflussen, bis das Ziel erreicht ist.

   Beispiel:
   Software ist steuerbar, wenn sie z. B. dem ungeübten Benutzer einen ausführlichen und dem geübten Benutzer einen auf die jeweilige Aufgabe bezogenen Dialog anbietet.

6. Fehlertoleranz: Ein Dialog ist fehlertolerant, wenn das beabsichtigte Arbeitsergebnis trotz erkennbar fehlerhafter Eingaben entweder mit keinem oder mit minimalem Korrekturaufwand durch den Benutzer erreicht werden kann.

   Beispiel:
   Wenn in einem Eingabeformular z. B. im PLZ-Feld eine ungültige Eingabe steht, so würde dies bei einer fehlertoleranten Software nicht zu fehlerhafter Verarbeitung führen, sondern das Programm würde den Fehler erkennen und den Cursor gleich zur Korrektur in das betreffende Feld stellen.

7. Individualisierbarkeit: Ein Dialog ist individualisierbar, wenn er an persönliche Anforderungen und Fähigkeiten des Benutzers angepasst werden kann.

   Beispiel:
   Bei einer individualisierbaren Software kann z. B. die Schriftgröße vergrößert werden.

Informationsdarstellung

Ähnlich wie es für die ergonomische Gestaltung der dynamischen Dialogabläufe einer Software die 7 „Grundsätze der Dialoggestaltung" aus der Norm DIN EN ISO 9241-10:2008-09 gibt, so existieren auch für die statische Informationsdarstellung 7 Grundsätze, die in der Internationalen Norm DIN EN ISO 9241-12:2000-08 „Informationsdarstellung" beschrieben sind:

1. Erkennbarkeit
(die Aufmerksamkeit des Benutzers wird zur benötigten Information gelenkt)
2. Unterscheidbarkeit
(die angezeigte Information kann genau von anderen Daten unterschieden werden)
3. Lesbarkeit
(die Information ist leicht zu lesen)
4. Verständlichkeit
(die Bedeutung ist leicht verständlich, eindeutig, vermittelbar und erkennbar)
5. Klarheit
(der Informationsgehalt wird schnell und genau vermittelt)
6. Kompaktheit/Prägnanz
(den Benutzern wird nur jene Information gegeben, die für das Erledigen der Aufgabe notwendig ist)
7. Konsistenz
(gleiche Information wird innerhalb der Anwendung entsprechend den Erwartungen des Benutzers stets auf die gleiche Art dargestellt).

Abbildung 115: Beispiel – Bedienfeld einer Heizungssteuerung

Mit dem nachfolgend abgedruckten Fragebogen (Quelle: www.gesuenderarbeiten.de) wird ein Hilfsmittel zur Beurteilung der Software-Ergonomie zur Verfügung gestellt.

Aufgabenangemessenheit

- Enthält das Programm alle für Ihre Aufgabe benötigten Funktionen?
- Müssen Sie Eingaben oder Dialogschritte machen, die eigentlich überflüssig sind?
- Ist es möglich, das wiederholte Eingeben von Daten oder Texten zu vereinfachen?
- Finden Sie, dass der erforderliche Aufwand für Ihr Arbeitsergebnis angemessen ist?
- Haben Sie das Gefühl, dass Sie Arbeiten machen müssen, die besser das Programm erledigen sollte?
- Müssen Sie Werte und Texte eingeben, die der Computer wissen könnte?
- Müssen Sie sich mit Umwegen oder Tricks behelfen, um Ihre Arbeitsergebnisse so zu erzielen, wie Sie diese haben möchten?
- Finden Sie in dem Programm Hilfetexte, die Ihnen auch tatsächlich weiterhelfen?
- Passt das Programm zu Ihren Formularen und bisherigen Formaten?

Selbstbeschreibungsfähigkeit

- Sind die Informationen, die zur Erledigung der Aufgabe notwendig sind, auf dem Bildschirm übersichtlich verfügbar?
- Können Sie bei der Arbeit mit dem Programm erkennen, welche Eingabe als nächstes von Ihnen erwartet wird?
- Sind die Meldungen des Systems für Sie immer verständlich?
- Werden Sie vor Aktionen, die nicht rückgängig gemacht werden können, von der Software gewarnt?
- Hilft Ihnen die Hilfefunktion wirklich weiter, wenn einmal ein Dialogschritt oder Menüpunkt nicht ganz klar ist?
- Müssen Sie oft Kollegen oder ein Handbuch konsultieren, um weiterarbeiten zu können?

Steuerbarkeit

- Können Sie Ihre Arbeitsschritte in der Reihenfolge erledigen, die Ihnen am sinnvollsten erscheint?
- Macht das Programm manchmal etwas, ohne dass Sie es wollen?

- Können Sie bei Bedarf eine Aufgabe unterbrechen und später wieder fortsetzen, ohne alles neu eingeben zu müssen?
- Können Sie einen Arbeitsschritt wieder zurücknehmen, wenn es für Ihre Aufgabenerledigung zweckmäßig ist?
- Fühlen Sie sich in ihrem Arbeitstempo durch das Programm manchmal gebremst, z. B. durch zu lange Wartezeiten?

Erwartungskonformität

- Finden Sie Menüpunkte oder Funktionen dort, wo sie auch sein sollten?
- Sind Sie sich bei Wartezeiten noch sicher, ob das Programm weiterarbeitet?
- Sind Sie manchmal überrascht, wie das Programm auf Ihre Eingabe reagiert?

Fehlertoleranz

- Bekommen Sie bei fehlerhaften Eingaben Korrekturhinweise?
- Können Sie eine fehlerhafte Eingabe mit geringem Aufwand beheben?
- Arbeitet das Programm während der Ausführung Ihrer Aufgabe immer stabil und zuverlässig?

Individualisierbarkeit

- Können Sie am Computer alles so einstellen, dass Ihnen das Lesen und Arbeiten leichter fällt?

Lernförderlichkeit

- Ermöglicht Ihnen das Programm, auch einmal etwas gefahrlos auszuprobieren?

4.6 Körperkräfte

Die körperliche Beanspruchung bei der Arbeit mit und an Maschinen ist u. a. von den Körperkräften abhängig. Durch eine ungünstige maßliche Gestaltung müssen Zwangshaltungen mit hohen statischen Kraftanteilen eingenommen werden. Bei der Betätigung von Stellteilen, beim Rüsten und auch beim Einlegen und Entnehmen von Teilen sind Bewegungen mit überwiegend dynamischen Kraftanteilen notwendig.

Körperkraft im Sinn von DIN 33411 ist die Kraft, die im Zusammenhang mit dem menschlichen Körper entsteht. In diesem Kapitel sollen zunächst die Unterschiede von dynamischer und statischer Muskelarbeit,

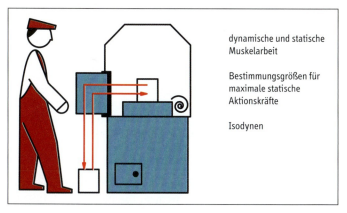

Abbildung 116: Übersicht

Bestimmungsgrößen für maximale statische Aktionskräfte und sogenannte Isodynen erläutert werden.

Gemäß DIN 33411-1:1982-09 können Körperkräfte in Muskel-, Massen- und Aktionskräfte eingeteilt werden (vgl. Abbildung 117).

Die Muskelkraft ist eine Körperkraft, die durch die Aktivität der Muskeln innerhalb des Körpers wirkt.

Massenkraft ist eine Körperkraft, die auf die Körpermasse als Trägheitskraft wirkt, z. B. dynamisch als Beschleunigungs-, Verzögerungs- bzw. Zentrifugalkraft oder statisch als Eigengewichtskraft.

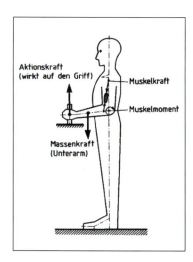

Abbildung 117: Beispiel des Zusammenwirkens von Aktionskraft mit Muskel- und Massenkräften (Norm DIN 33411-1:1992-09; Abschnitt 4, Bild 1)

Aktionskraft ist eine Körperkraft, die von einem kraftabgebenden Körperteil nach außen wirkt. Sie ergibt sich aus der Massenkraft, aus der Muskelkraft oder aus beiden zusammen. Massen- und Muskelkraft können sich je nach Betrag und Richtung in ihrer Wirkung verstärken oder abschwächen.

In Abbildung 117 wirkt die nach außen ausgeübte statische Aktionskraft auf einen Griff. Sie ergibt sich als Wirkung der statischen Massenkraft (Eigengewichtskraft des Armes) und der Muskelkräfte (bzw. Muskelmomente im Hand-, Ellenbogen- und Schultergelenk).

Maximale Körperkräfte

In sogenannten Kräfteatlanten oder in der DIN 33411 können maximale Aktionskräfte eingesehen werden. Die DIN 33411-4:1987-05 stellt bspw. maximale statische Aktionskräfte für das weibliche und männliche 50. Kraftperzentil in Form von Isodynen (Linien gleicher Körperkräfte) zur Verfügung. Abbildung 118 zeigt ein Beispiel für eine Adduktionskraft bei einem Seitenwinkel von 0°.

Es muss beachtet werden, dass maximale Körperkräfte für die Auslegung von Produkten und Arbeitsplätzen in den wenigsten Fällen direkt anwendbar sind. In den meisten Fällen sind zulässige Kräfte, die als erträglich eingestuft werden können, gestaltungsrelevant. Die Schwierigkeit bei der Bestimmung der zulässigen Körperkräfte liegt vor allen Dingen darin, die Vielzahl der Einflussfaktoren auf die Körperkräfte möglichst realitätsnah zu berücksichtigen. In Tabelle 16 werden einige Einflussfaktoren auf die Körperkräfte exemplarisch aufgeführt.

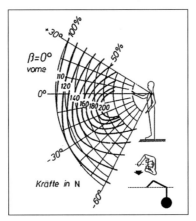

Abbildung 118: Mittelwerte für maximale statische Aktionskräfte junger Männer (20–25 Jahre) in Form von Isodynen nach DIN 33411-4:1987-05; Abschnitt 3, Ablesebeispiel

Tabelle 16: Beispiele für Einflussfaktoren auf Körperkräfte

Personenbezogene Faktoren	Tätigkeitsbezogene Faktoren
Alter	Arbeits- und Pausenregime
Geschlecht	Arbeitsumweltfaktoren
Trainiertheit	Greifbedingungen
Konstitution	Körperabstützung
Motivation	Häufigkeit
Gesundheitszustand	Dauer
	Gelenkwinkel
	Bewegungsgeschwindigkeit

Es ist ersichtlich, dass sich die Faktoren in zwei Gruppen einteilen lassen. Die personenbezogenen Faktoren sind zum Großteil nicht durch die Gestaltung von Produkten und Arbeitsplätzen zu beeinflussen. Tabelle 17 zeigt die Auswirkung einiger personenbezogener Faktoren auf die Muskelkraft.

Tabelle 17: Personenbezogene Faktoren und ihre Auswirkungen auf die Muskelkraft nach KAN (2008)

Personenbezogene Faktoren	Auswirkung
Alter	Jugendliche: 70 % – 90 % von F_{max}
	ca. 30-Jährige: F_{max}
	60-Jährige: 40 % – 82 % von F_{max}
Geschlecht	F_{max} Frau = 60 % – 72 % von F_{max} Mann
Trainiertheit	Maximale Steigerung der Muskelkraft: 10 % je Woche
	Muskelkraftverlust bei Inaktivität: 30 % je Woche

Tätigkeitsbezogene Faktoren können allerdings durch eine gelungene Auslegung optimiert werden.

Statische und dynamische Muskelarbeit

d) Statische Muskelarbeit

Statische Arbeit wird durch eine lang andauernde Kontraktion charakterisiert. Der entstehende innere Druck im Muskelgewebe, der die Blutgefäße zusammenpresst, erschwert in Kombination mit der fehlenden Bewegung die Durchblutung des Muskels. Dies behindert den Muskelstoffwechsel, Zucker und Sauerstoff können nicht ausreichend zugeführt und Schlackenstoffe nicht vollständig weggespült werden. So kommt es zu einer schnellen Muskelermüdung und damit verbundenen Schmerzen.

Die Drosselung der Muskeldurchblutung steigt mit wachsender Kraftentfaltung an; bei etwa 60 % der Maximalkraft wird die Durchblutung praktisch unterbunden. Schon statische Kräfte im Bereich von mehr als 15 % der Maximalkraft können zu Muskelermüdungen und damit zu einer Begrenzung der möglichen Ausübungsdauer führen. Tabelle 18 zeigt den Zusammenhang zwischen Ausübungsdauer und ausgeübter statischer Muskelkraft.

Tabelle 18: Anspannungsdauer in Abhängigkeit der statisch ausgeübten Muskelkraft

Statische Kraft in % der Maximalkraft	Ungefähre maximal mögliche Anspannungsdauer
25 %	4 min
50 %	1 min
100 %	6 s

Die Werte zeigen, dass Maximalkraft nur für wenige Sekunden aufgebracht werden kann.

Es kommt bei hohen Kräften schon nach wenigen Sekunden zu erheblichen statischen Belastungen. Bei mittlerem Kraftaufwand tritt dies nach ca. einer Minute und bei niedrigen Kräften bei ungefähr vier Minuten ein.

Soll Kraft länger andauernd oder wiederkehrend aufgebracht werden, sind Pausen mit völliger Muskelerschlaffung, geringer dimensionierte Kräfte und auch eine günstige Wahl des Kraftangriffspunktes (und dadurch wiederum geringere aufzuwendende Kräfte) entscheidende Maßnahmen für die Vermeidung von Muskelermüdung und Überlastung der Muskulatur.

e) Dynamische Muskelarbeit

Die dynamische Arbeit zeichnet eine rhythmische Folge von Kontraktion und Entspannung der arbeitenden Muskulatur aus. Der Muskel wirkt dabei wie ein Motor auf den Blutkreislauf: die Kontraktion bewirkt eine Austreibung des Blutes, wohingegen die nachfolgende Entspannung eine erneute Blutfüllung des Muskels möglich macht. So wird die Blutzirkulation um ein Vielfaches erhöht: der Muskel bekommt zehn- bis zwanzigmal mehr Blut als in Ruhestellung und wird dementsprechend mit Zucker und Sauerstoff versorgt, während Schlackenstoffe gleichzeitig weggespült werden (Grandjean, 1991).

Deswegen kann eine dynamische Arbeit – bei geeignetem Rhythmus – im Gegensatz zur statischen Arbeitsform sehr lange ohne Ermüdung ausgeführt werden. In Abbildung 119 wird die Durchblutung für beide Arbeitsformen vergleichend dargestellt.

Charakteristik	Ruhe	Dynamische Arbeit	Statische Arbeit
	–	Wechsel von Spannung und Entspannung des Muskels	lang andauernder Kontraktionszustand
Blutbedarf			
Durchblutung			
		z. B. Kurbeln	z. B. Last halten

Abbildung 119: Belastungsarten des Muskels nach Grandjean (1991)

Ermittlung zulässiger Körperkräfte 4.7

Die körperliche Beanspruchung bei der Arbeit mit und an Maschinen ist vor allem von den Körperkräften abhängig. Bei der Bedienung von Maschinen müssen nun nicht nur maximal mögliche Körperkräfte, sondern für bestimmte Aufgaben „zulässige" Körperkräfte berücksichtigt werden, um den Menschen nicht zu überlasten. Entsprechend wird nun näher auf die Einflussfaktoren bei Körperkräften und auf die Ermittlung von zulässigen Körperkräften eingegangen.

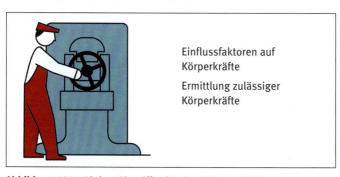

Einflussfaktoren auf Körperkräfte

Ermittlung zulässiger Körperkräfte

Abbildung 120: Aktiver Eingriff zulässig – Körperschutz

Die Norm DIN EN 1005-3:2009-01 „Sicherheit von Maschinen – menschliche körperliche Leistung – Teil 3: Empfohlene Kraftgrenzen bei Maschinenbetätigung" gibt für die Ermittlung der zulässigen Kraft als Reduktionsfaktoren von der Maximalkraft Geschwindigkeit, Frequenz und Zeit an.

Diese Reduktionsfaktoren berücksichtigen folgende Aspekte:

- die Maximalkraft lässt bei schnellen Kontraktionsbewegungen nach
- wiederholte Bewegungen in schneller Folge führen zu Ermüdung, wobei das durch die Dauer der Einzeltätigkeit und die Häufigkeit, mit der sie ausgeführt wird, beeinflusst wird
- Ermüdung der Muskulatur tritt auch bei fortschreitender Arbeitsdauer auf.

Beachtung des Nutzungsbereiches nach EN 1005-3: gewerblicher und häuslicher Gebrauch

- Kraftgrenzen für Maschinen bei gewerblicher Nutzung erwachsene berufstätige europäische männliche und weibliche Bevölkerung durchschnittlicher körperlicher Fähigkeit

$$F_{reduziert} = 15\ \%\ F_{max\ gewerblich}$$

- Kraftgrenzen für Maschinen zum häuslichen Gebrauch Gesamtbevölkerung inkl. jüngere und ältere Menschen

$$F_{reduziert} = 1\ \%\ F_{max\ häuslich}$$

Planzahlen zur Ermittlung maximal empfohlener Kraftwerte des Arm-Schulter- sowie Ganzkörper-Systems einerseits und des Hand-Finger-Systems andererseits (Institut für Arbeitsschutz der Deutschen Gesetzlichen Unfallversicherung, 2009).

Abbildung 121 zeigt beispielhaft die Darstellung für maximale statische Ganzkörperkräfte von Männern. Es werden Daten für neun Kraftfälle (jeweils für drei stehende Haltungen, drei kniende Haltungen und drei sitzende Haltungen) sowie sechs Kraftrichtungen für das 15. und 50. Perzentil präsentiert. Das 15. Kraftperzentil dient für Planungsfälle, das 50. für Ist-Analysen. Damit können aus maximalen statischen Aktionskräften unter Berücksichtigung von tätigkeits- und personenbezogenen Faktoren maximal empfohlene Aktionskraftwerte abgeleitet werden (BGIA, 2009).

Montagespezifischer Kraftatlas

F_{max} Alle Kräfte in Newton [N]
Ganzkörperkräfte, beidhändig, Männer (Korrekturfaktor für Frauenwerte: 0,5)
Die angegebenen Werte sind die Resultierenden der Kraftvektoren auf 5 N gerundet

P15 : 15. männliches Kraftperzentil (für Planungsanalysen)
P50: 50. männliches Kraftperzentil (für Ist-Analysen)

Körpersymmetrieebene

stehen - aufrecht	P15	P50	gebeugt	P15	P50	über Kopf	P15	P50
+A	380	515	+A	320	485	+A	360	455
-A	405	530	-A	305	405	-A	410	520
+B	260	340	+B	315	420	+B	245	330
-B	380	505	-B	440	645	-B	395	525
+C	205	315	+C	225	335	+C	160	235
-C	170	280	-C	140	230	-C	150	235
h = 1 500 mm			h = 1 100 mm			h = 1 700 mm		

knien - aufrecht	P15	P50	gebeugt	P15	P50	über Kopf	P15	P50
+A	320	450	+A	275	410	+A	345	460
-A	345	455	-A	290	360	-A	410	520
+B	335	485	+B	335	555	+B	320	430
-B	370	530	-B	340	475	-B	340	445
+C	225	335	+C	220	310	+C	200	300
-C	180	265	-C	160	230	-C	200	295
h = 800 mm			h = 600 mm			h = 1 100 mm		

sitzen - aufrecht	P15	P50	gebeugt	P15	P50	über Kopf	P15	P50
+A	315	435	+A	295	425	+A	330	410
-A	375	465	-A	300	400	-A	395	475
+B	330	435	+B	380	485	+B	305	390
-B	315	410	-B	325	450	-B	325	390
+C	190	270	+C	205	300	+C	155	215
-C	175	260	-C	155	230	-C	150	220
h = 1 000 mm			h = 800 mm			h = 1 200 mm		

Abbildung 121: Darstellung im montagespezifischen Kraftatlas (beispielhaft) aus BGIA (2009)

Neben einer Datensammlung von maximal ausführbaren statischen Aktionskräften in realtypischen Körperhaltungen wurde ein Kraftbewertungsverfahren für Ist-Zustands- und Planungsanalysen nach dem aktuellen Stand der Wissenschaft und eigenen Laborstudien modelliert.

Weiterführende Normen zur Mensch-Maschine-Interaktion 4.8

DIN 33411-1:1982-09 Körperkräfte des Menschen; Begriffe, Zusammenhänge, Bestimmungsgrößen

DIN 33411-3:1986-12 Körperkräfte des Menschen; Maximal erreichbare statische Aktionsmomente männlicher Arbeitspersonen an Handrädern

DIN 33411-4:1987-05 Körperkräfte des Menschen; Maximale statische Aktionskräfte (Isodynen)

DIN 33411-5:1999-11 Körperkräfte des Menschen; Maximale statische Aktionskräfte – Werte

DIN EN 894-1 Sicherheit von Maschinen – Ergonomische Anforderungen an die Gestaltung von Anzeigen und Stellteilen – Teil 1: Allgemeine Leitsätze für Benutzer-Interaktion mit Anzeigen und Stellteilen); Deutsche Fassung EN 894-1:1997 + A1:2008

DIN EN 894-2 Sicherheit von Maschinen – Ergonomische Anforderungen an die Gestaltung von Anzeigen und Stellteilen – Teil 2: Anzeigen; Deutsche Fassung EN 894-2:1997 + A1:2008

DIN EN 894-3 Sicherheit von Maschinen – Ergonomische Anforderungen an die Gestaltung von Anzeigen und Stellteilen – Teil 3: Stellteile; Deutsche Fassung EN 894-3:2000 + A1:2008

DIN EN 1005-1 Sicherheit von Maschinen – Menschliche körperliche Leistung – Teil 1: Begriffe; Deutsche Fassung EN 1005-1:2001 + A1:2008

DIN EN 1005-2 Sicherheit von Maschinen – Menschliche körperliche Leistung – Teil 2: Manuelle Handhabung von Gegenständen in Verbindung mit Maschinen und Maschinenteilen; Deutsche Fassung EN 1005-2: 2003 + A1:2008

DIN EN 1005-3 Sicherheit von Maschinen – Menschliche körperliche Leistung – Teil 3: Empfohlene Kraftgrenzen bei Maschinenbetätigung; Deutsche Fassung EN 1005-3:2002 + A1:2008

DIN EN 1005-4 Sicherheit von Maschinen – Menschliche körperliche Leistung – Teil 4: Bewertung von Körperhaltungen und Bewertungen bei der Arbeit an Maschinen; Deutsche Fassung EN 1005-4:2005 + A1:2008

DIN EN 1005-5 Sicherheit von Maschinen – Menschliche körperliche Leistung – Teil 5: Risikobeurteilung für kurzzyklische Tätigkeiten bei hohen Handhabungsfrequenzen; Deutsche Fassung EN 1005-5:2007

DIN EN 61310-1 Sicherheit von Maschinen – Anzeigen, Kennzeichen und Bedienen – Teil 1: Anforderungen an sichtbare, hörbare und tastbare Signale (IEC 61310-1:2007); Deutsche Fassung EN 61310-1:2008

DIN EN 61310-2 Sicherheit von Maschinen – Anzeigen, Kennzeichen und Bedienen – Teil 2: Anforderungen an die Kennzeichnung (IEC 61310-2: 2007); Deutsche Fassung EN 61310-2:2008

DIN EN 60447 Grund- und Sicherheitsregeln für die Mensch-Maschine-Schnittstelle, Kennzeichnung – Bedienungsgrundsätze (IEC 60447:2004); Deutsche Fassung EN 60447:2006

DIN ISO 80416-4 Allgemeine Grundlagen für graphische Symbole auf Einrichtungen – Teil 4: Leitlinien für die Anpassung von graphischen Symbolen für Bildschirme und Displays (Icons) (ISO 80416-4:2005)

DIN EN ISO 9241-110 Ergonomie der Mensch-System-Interaktion – Teil 10: Grundsätze der Dialoggestaltung (ISO 9241-110:2006); Deutsche Fassung EN ISO 9241-110:2006

DIN EN ISO 9241-11 Ergonomische Anforderungen für Bürotätigkeiten mit Bildschirmgeräten – Teil 11: Anforderungen an die Gebrauchstauglichkeit; Leitsätze (ISO 9241-11:1998); Deutsche Fassung EN ISO 9241-11:1998

DIN EN ISO 10075-1 Ergonomische Grundlagen bezüglich psychischer Arbeitsbelastung – Teil 1: Allgemeines und Begriffe (ISO 10075-1:1991); Deutsche Fassung EN ISO 10075-1:2000

DIN EN ISO 10075-2 Ergonomische Grundlagen bezüglich psychischer Arbeitsbelastung – Teil 2: Gestaltungsgrundsätze (ISO 10075-2:1996); Deutsche Fassung EN ISO 10075-2:2000

VDI/VDE 3850 BLATT 1:2000-05 Nutzergerechte Gestaltung von Bediensystemen für Maschinen

ISO 1503:2008-08 Räumliche Orientierung von Bewegungen – Ergonomische Anforderungen

DIN EN ISO 11064-5 Ergonomische Gestaltung von Leitzentralen – Teil 5: Anzeigen und Stellteile (ISO 11064-5:2008); Deutsche Fassung EN ISO 11064-5:2008

DIN EN ISO 13850 Sicherheit von Maschinen – Not-Halt – Gestaltungsleitsätze (ISO 13850:2006); Deutsche Fassung EN ISO 13850:2008

VDI/VDE 3546 BLATT 1:1987-08 Konstruktive Gestaltung von Prozessleitwarten – Allgemeiner Teil

DIN 1410:1986-06 Werkzeugmaschinen; Bewegungsrichtung und Anordnung der Stellteile

Weiterführende Literatur zur Mensch-Maschine-Interaktion 4.9

BGIA-Report 3/2009 Der Montagespezifische Kraftatlas. DGUV, Sankt Augustin

DIN Taschenbuch 390 Körpermaße und Körperkräfte

DIN-Taschenbuch 354 Software-Ergonomie

GRANDJEAN, E. (1991): Physiologische Arbeitsgestaltung: Leitfaden der Ergonomie. 4. Auflage Landsberg: Ecomed.

SCHMIDTKE, H. (1993): Lehrbuch der Ergonomie. München: Carl Hanser.

BANDERA, J. E.; KERN, P.; SOLF, J. J. (1986): Leitfaden zur Auswahl, Anordnung und Gestaltung von kraftbetonten Stellteilen. Bremerhaven: Wirtschaftsverlag NW Verlag für neue Wissenschaft. (Schriftenreihe der Bundesanstalt für Arbeitsmedizin und Arbeitsschutz Fb. 494).

BANDERA, J. E.; MUNTZINGER, W.; SOLF, J. J. (1989): Auswahl und Gestaltung von ergonomisch richtigen Fußstellteilen – Band I und II: Systematik und Fallbeispiele. Bremerhaven: Wirtschaftsverlag NW Verlag für neue Wissenschaft. (Schriftenreihe der Bundesanstalt für Arbeitsmedizin und Arbeitsschutz Fb. 590 Bd. I).

ROHMERT, W.; HETTINGER, T. (1963): Körperkräfte im Bewegungsraum. Berlin: Deuth.

ROHMERT, W.; BERG, K.; BRUDER, R.; SCHAUB, K. (1994): Kräfteatlas: Teil 1. Datenauswertung statischer Aktionskräfte. 1. Auflage. Bremerhaven: Wirtschaftsverlag NW Verlag für neue Wissenschaft. (Schriftenreihe der Bundesanstalt für Arbeitsmedizin und Arbeitsschutz Fb. 09.004).

BULLINGER, H.-J. (1994): Ergonomie: Produkt- und Arbeitsplatzgestaltung. Stuttgart: Teubner.

BULLINGER, H.-J.; KERN, P.; SOLF, J. J. (1979): Reibung zwischen Hand und Griff. Dortmund: Verlag für neue Wissenschaften GmbH. (Schriftenreihe der Bundesanstalt für Arbeitsschutz Fb. 213).

BULLINGER, H.-J.; SOLF, J. J. (1979): Ergonomische Arbeitsmittelgestaltung. Dortmund: Verlag für neue Wissenschaften GmbH. (Schriftenreihe der Bundesanstalt für Arbeitsschutz Fb. 196–198).

KIRCHNER, J.-H.; BAUM, E. (1990): Ergonomie für Konstrukteure und Arbeitsgestalter. München: Carl Hanser.

LANDAU, K. (HRSG.) (2003): Arbeitsgestaltung und Ergonomie. Good Practice. Stuttgart: ergonomia Verlag.

LAURIG, W. (1992): Grundzüge der Ergonomie. Erkenntnisse und Prinzipien. 4. Auflage. Berlin: Beuth Verlag.

Usability 5

Der Begriff der Usability wird vorzugsweise mit der Entwicklung von Computeranwendungen in Verbindung gebracht, für deren Umsetzung ein grundsätzliches Vorgehen in der Norm DIN EN ISO 9241-210:2011-01 definiert wurde. Inhalt der Norm ist eine benutzerorientierte Gestaltung für die Gebrauchstauglichkeit interaktiver Systeme. Die dort genannten Prämissen lassen sich nicht nur auf Software und die dazugehörigen Computersysteme übertragen, sondern gelten in gleichem Maß für die Gestaltung beliebiger Mensch-Maschine-Schnittstellen.

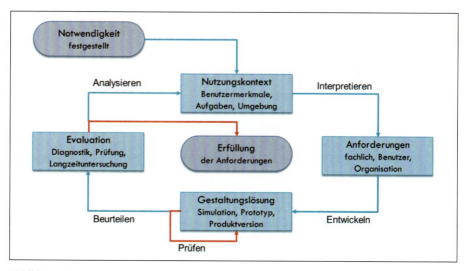

Abbildung 122: Prozess zur benutzerorientierten Gestaltung von Usability nach DIN EN ISO 9241-210:2011-01 (ehemals DIN EN 13407:1999)

Für die Absicherung der Gebrauchstauglichkeit lassen sich unterschiedliche Begrifflichkeiten definieren, welche Inhalt und Vorgehen beschreiben:

- **Usability** (Gebrauchstauglichkeit): „Das Ausmaß, in dem ein Produkt durch bestimmte Benutzer in einem bestimmten Nutzungskontext genutzt werden kann, um bestimmte Ziele effektiv, effizient und mit Zufriedenheit zu erreichen." (Norm DIN EN ISO 9241-11:1999-01; Abschnitt 3.1)

- **Usability Engineering** „ist ein Prozess zum Definieren und Messen, und hierbei zum Verbessern der Usability von Produkten". (aus: WIXON, D. u. WILSON, C. 1997)

- **User-Centered Design:** Die anvisierte Zielgruppe einer Applikation wird von Beginn an ins Zentrum der Entwicklung gestellt. Schon vor der Konzeption werden die Bedürfnisse und Anforderungen der Zielgruppe ermittelt. Solche Daten können durch Marktforschung in Form von qualitativen Focus Groups und quantitativen Befragungen erhoben werden.

Kerninhalte einer benutzerorientierten Gestaltung lassen sich in Anlehnung an die Softwareergonomie (siehe auch Kapitel 4.5 ab Seite 131) nach DIN EN ISO 9241-11 wie folgt beschreiben:

- **Aufgabenangemessenheit**
  Bedienoberfläche soll die Erledigung der Arbeitsaufgaben des Benutzers unterstützen, ohne ihn zusätzlich zu belasten.

- **Selbstbeschreibungsfähigkeit**
  Auf Verlangen werden dem Nutzer Schritt für Schritt Einsatzzweck und Leistungsumfang der Bedienoberfläche erläutert.

- **Steuerbarkeit**
  Nicht das System, sondern der Anwender bestimmt die Bearbeitungsschritte.

- **Erwartungskonformität**
  Erfahrung, Erwartungen, Sozialisation des Anwenders bestimmen den Ablauf.

- **Fehlertoleranz**
  Trotz erkennbar fehlerhafter Eingabe wird das beabsichtigte Arbeitsergebnis ohne oder durch minimalen Aufwand erreicht.

- **Erlernbarkeit**
  Neue Systeme werden von ungeübten Benutzern schnell und sicher beherrscht.

- **Individualisierbarkeit**
  Funktionalität, Schnelligkeit und Reihenfolge des Ablaufs eines Systems sind auf individuelle Anforderungen verschiedener Nutzer anpassbar.

Aus Sicht der Wahrnehmung einer Nutzerschnittstelle spricht man von der User-Experience, welche über das Verständnis der Gebrauchstauglichkeit im klassischen Sinn hinausgeht. Diese Erweiterung bezieht sich auf sogenannte Anmutungsanforderungen, in deren Mittelpunkt keine rein objekt- und wirkungsbezogenen Anforderungen zusammengefasst werden, sondern Reflexionen, wie edel, schön, elegant, modern, sicher, Freude bei der Nutzung usw., vermitteln. Diese emotional geprägte Wahrnehmung eines Produktes lässt sich idealerweise mit den Begrifflichkeiten „Look & Feel" beschreiben.

Im Wesentlichen werden drei Aspekte unterschieden[13]:
1. Objektive Produktqualität (farbliche Gestaltung, klares Layout usw.)
2. Subjektive Qualitätswahrnehmung und -bewertung (subjektiv durch bestimmte Nutzergruppen geprägte Wahrnehmung, z. B. technikaffine versus technikfeindliche bzw. veränderungsunwillige Nutzer);
3. Verhaltens- und emotionale Konsequenzen (Übereinstimmung des Qualitätsanspruchs von Entwickler und Nutzer).

Abbildung 123:
Verständnis einer emotional erweiterten Usability im Begriff User-Experience

Welche Schritte für die Umsetzung eines ganzheitlichen Usability-Konzeptes bzw. der Gestaltung eines benutzerorientierten Gestaltungsprozesses Berücksichtigung finden:
1. Analyse und Definition
   a. Individuelle Nutzereigenschaften ermitteln
   b. Mögliche Arbeitsaufgaben unter Verwendung des geplanten Produktes analysieren
   c. Funktionsanalyse
   d. Betrachtung von Lösungen bestehender oder möglicher Wettbewerber
   e. Festlegung konkreter Ziele zur Absicherung der Gebrauchstauglichkeit

---

13 Gotthardtsleitner, H.; Eberle, P.; Stary, C.: „Zur Verschränkung von User Experience und Usability Engineering". In: Zeitschrift für Arbeitswissenschaft 3/2009

2. Entwurf und Implementierung
   a. Alternative Konzeptentwicklung
   b. Integration möglicher Nutzer in die Konzeptbewertung
   c. Nutzung von Design-Style-Guides, um eine unternehmenstypische Gestaltungsphilosophie und damit Kompatibilitäten unterschiedlicher Gestaltungslösungen zu sichern (Standardisierung)
   d. Iterative Auswahl und Verfeinerung eines Lösungskonzeptes mit begleitender Nutzerevaluierung
   e. Erstellen von Prototypen für Usability-Tests

3. Einsatz und Evaluierung
   a. Begleitende Einführungstests (ggf. gestaffelte Auslieferung) in unterschiedlichen Anwendungsbereichen
   b. Nutzerfeedback ermitteln.

Sinnvollerweise sollte es sich bei dem beschriebenen Vorgehen nicht um einen einmaligen Prozess, sondern um einen iterativen Prozess, welcher über die jeweiligen Produktgenerationen fortgeschrieben wird, handeln. Für ein konsistentes Gestaltungskonzept bedarf es dazu einer zentralen Koordination von Entwicklungsprojekten, welche die notwendige Balance zwischen unternehmens- bzw. produkttypischem Schnittstellenkonzept und der kreativen Verwendung neuer Schnittstellenkonzepte erlaubt.

Weiterführende Normen zur Usability

DIN EN ISO 9241-210 Ergonomie der Mensch-System-Interaktion – Teil 210: Prozess zur Gestaltung gebrauchstauglicher interaktiver Systeme (ISO 9241-210:2010); Deutsche Fassung EN ISO 9241-210:2010

DIN EN ISO 9241-11 Ergonomische Anforderungen für Bürotätigkeiten mit Bildschirmgeräten – Teil 11: Anforderungen an die Gebrauchstauglichkeit; Leitsätze (ISO 9241-11:1998); Deutsche Fassung EN ISO 9241-11: 1998

6 Gestaltungsbeispiel zur Berücksichtigung ergonomischer Gestaltungsanforderungen

In den vorangegangenen Kapiteln wurden Vorgehensweisen zur Berücksichtigung des ergonomischen Gestaltungswissens in den Bereichen maßliche Gestaltung, Arbeitsumwelt und Mensch-Maschine-Schnittstelle dargestellt. In der Praxis stehen die im Vorfeld diskutierten Einflussfaktoren in unmittelbarer Beziehung zueinander, so dass sich die Wirkung einzelner Maßnahmen in der Summe des Zusammenwirkens deutlich verändern kann. So kann die Ausleuchtung eines Arbeitsbereiches mit der vorgegebenen Beleuchtungsstärke bei entsprechendem Materialeinsatz zu Reflexionen und damit zur Blendung des Nutzers führen. Dieser Effekt kann wiederum von der Körpergröße des Nutzers oder der von ihm praktizierten Arbeitsmethode abhängen. In der Folge ist eine ergonomische Gestaltung immer als Ganzes verschiedener Einflussfaktoren und Rahmenbedingungen zu betrachten.

Prinzipiell verfolgt ein ergonomisch abgestimmtes Gesamtkonzept die Zielstellung, welche von der Erfüllung gesetzlicher Vorgaben zur Gewährleistung der Sicherheit beim Einsatz eines Produktes bis zu innovativen Lösungen, welche die Nutzer begeistern, reicht. Ein solches Gestaltungsniveau wird nur dann erreicht, wenn sich die Lösung in den Kontext der zu lösenden Aufgabe harmonisch eingliedert.

Ebene 1	Sicherheitstechnische Gestaltung von Maschine und Arbeitsplatz	Sicherheit
Ebene 2	Produktspezifische ergonomische Gestaltung von Arbeitsmitteln und Arbeitsbedingungen	Produktergonomie
Ebene 3	Anwendungsspezifische ergonomische Analyse und Gestaltung von Arbeitsmitteln und Arbeitsbedingungen	Systemergonomie
Ebene 4	Prozessorientierte ergonomische Analyse und Gestaltung des gesamten Arbeitsprozesses	Prozessergonomie und Produktivität
Ebene 5	Gesamtanalyse und -gestaltung der Arbeitsaufgabe, des Ziels und des Arbeitsprozesses	Produktivität und Innovation

Abbildung 124: Übersicht aufeinander aufbauender ergonomischer Gestaltungsebenen

Bereits in der Einleitung wurde auf die Anwendung grundlegender Vorgehensweise entsprechend der DIN EN ISO 12100:2011-03 verwiesen. Am Beispiel des Prozesses zur Risikominimierung sollen in einem Beispiel mögliche Handlungsfelder des Konstrukteurs zur ergonomischen Gestaltung aufbereitet werden.

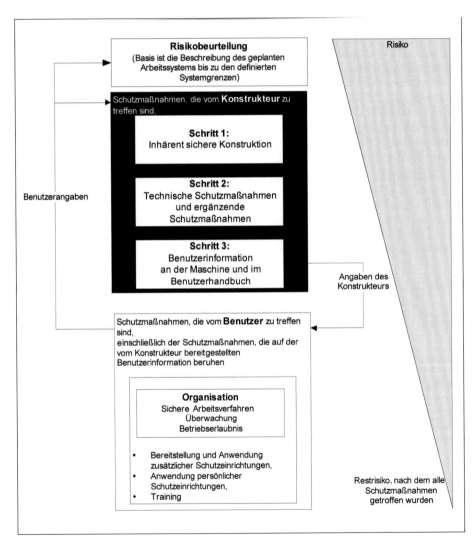

Abbildung 125: Prozess der Risikominimierung aus Sicht des Konstrukteurs nach DIN EN ISO 12100:2011-03; Abschnitt 5

GESTALTUNGSBEISPIEL ZUR BERÜCKSICHTIGUNG ERGONOMISCHER GESTALTUNGSANFORDERUNGEN

Als Beispiel dient die Gestaltung einer Werkzeugmaschine. Entsprechend der Vorgehensweise nach DIN EN ISO 12100:2011-03 wird aus möglichen Einsatzszenarien ein System mit eindeutiger Abgrenzung zu Nachbarsystemen definiert, welches sich auf die unmittelbare Bedienung der Maschine bezieht. Entsprechend der Systematik einer Arbeitssystembeschreibung werden die sieben Hauptelemente beschrieben.

Im dargestellten Beispiel wird aus einem Fertigungsbereich mit mehreren Arbeitsplätzen durch die Definition einer Betrachtungsgrenze der Arbeitsbereich Bearbeitungszentrum Fräsen ausgewählt. In der Folge werden Einwirkungen beispielsweise durch das Laserschneiden oder den kombinierten Montage-/Prüfarbeitsplatz nicht als Teil des Arbeitssystems, sondern lediglich als Einflussmöglichkeit im Punkt Arbeitsumwelt betrachtet.

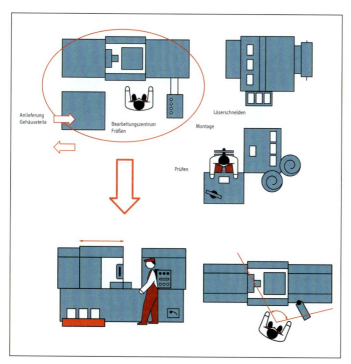

Abbildung 126: Definition der Systemgrenzen eines Arbeitssystems

Ein solches Arbeitssystem lässt sich eindeutig und reproduzierbar beschreiben, wie dies in der folgenden Übersicht erfolgen soll.

Tabelle 19: Arbeitssystembeschreibung

Systemelement	Beschreibung
Arbeitsaufgabe	Maschinenbedienung einschließlich Werkstückwechsel, Teile ein- und ausspannen, Rüsten, Programmierung
Eingabe	Anlieferung von Teilen auf Palette, Arbeitsplan vom Meister, Werkzeuge aus der Werkzeugausgabe
Mitarbeiter	Facharbeiterausbildung mit spezieller Schulung zur CNC-Programmierung der Steuerung
Maschine	Fräszentrum mit CNC-Steuerung, Werkstück ist auf Spanntisch in definierter Position zu fixieren
Arbeitsablauf	Programmierung bzw. Anpassung der NC-Programme, Überwachung von Bearbeitungsprozessen, Werkzeug- und Werkstückwechsel
Ausgabe	Bearbeitete prismatische Teile, Abfälle wie Späne und diverse Flüssigkeiten
Umwelt	Eingebunden in einen Arbeitsprozess, Teilebereitstellung durch externe Logistik auf ebenerdigen Paletten, spritzende Kühlflüssigkeit

Betrachtet man das vorliegende Maschinenkonzept, besteht eine Reihe möglicher Risiken wie:

- Belastungen durch das Heben, Umsetzen und Spannen von Werkstücken durch die Gewichtsbelastung, aber auch durch ungünstige Körperhaltungen.
- Gefährdungen durch ein Öffnen des Bearbeitungsraumes während des Bearbeitungsvorgangs, so dass der Kontakt mit Gefahrstoffen oder umherfliegenden Spänen möglich ist.
- Verletzungen durch Späne, die sich im Bearbeitungsraum befinden und entfernt werden müssen.
- Fehlbeurteilung der Maschinenzustände durch Verschmutzung der Schutzscheibe, der Anzeige an der Steuerung bzw. durch Reflexionen an den Anzeigen.

GESTALTUNGSBEISPIEL ZUR BERÜCKSICHTIGUNG ERGONOMISCHER GESTALTUNGSANFORDERUNGEN

Diese Liste lässt sich durch Elemente der Behinderung effizienteren Arbeitens ergänzen. Dies sind beispielsweise:

- Zeitverlust und mögliche Ausfälle durch Gesundheitsbeeinträchtigung auf Grund langer Transportwege beim Aufnehmen und Ablegen der Werkstücke.
- Zeitverluste durch Blockieren des Bearbeitungsraumes beim Spannen der Werkstücke.

Im Anschluss an eine solche Risikoanalyse für mögliche Beeinträchtigungen der Sicherheit für Nutzer und Personen im Umfeld der Maschine sind diese zu verifizieren. Dies soll im Beispiel anhand der Belastungen durch das Heben und Umsetzen der Werkstücke erfolgen.

Die Maschine lässt eine Bearbeitung von Teilen mit folgenden Eigenschaften zu:

- Gewicht: 10 kg
- Abmessungen: 350 x 200 x 200 mm
- Griffentfernung: 60 cm + 10 cm Gehäusetiefe
- Hubdauer: 3 s/Hub – Werkstück spannen 2 Minuten
- Hubzahl: 80/Schicht
- Ausgangshöhe: 15 cm
- Endhöhe: 110 cm

Für diese Ausgangssituation erfolgt eine Bewertung der durch das Anheben der Gehäuse in den Bearbeitungsraum entstehenden Belastungen nach DIN EN 1005-2:2009-05. Das Maximum der Aufnahmetiefe bzw. Einlegtiefe ergibt sich aus dem Verfahren, da Greifabstände über 60 cm Entfernung prinzipiell als nicht zulässig definiert sind. Außerdem zwingen die auf Palette gelieferten Gehäuse zum Bücken. Schlussfolgernd muss überlegt werden, die Anforderungen durch den Hebeprozess zu reduzieren. Das Heben und Umsetzen der 10 kg schweren Werkstücke ohne Einrichtung zum Handling der Teile ist ebenfalls grenzwertig.

Im Folgenden lassen sich verschiedene Lösungsansätze verfolgen.

Lösungsansatz A:

Die Werkstückspannung erfolgt auf einem Schiebetisch

Vorteile	Nachteile
Kürzere Strecke zwischen Aufnahme- und Abstellpunkt	Höherer technischer Aufwand mit entsprechenden Kosten
Beugen in den Maschinenraum entfällt	Größere Stellfläche der Maschine
Bessere maßliche Anpassung für alle Perzentile durch die Möglichkeit, um den Tisch zu gehen.	Ggf. Behinderung im Bewegungsraum durch vorstehenden Tisch

GESTALTUNGSBEISPIEL ZUR BERÜCKSICHTIGUNG ERGONOMISCHER GESTALTUNGSANFORDERUNGEN

Lösungsansatz B

Die Werkstückspannung erfolgt ebenfalls auf einem Schiebetisch, dieser ist mit einer automatischen Teilezuführung verbunden

Vorteile	Nachteile
Kein Heben und Tragen von Teilen Arbeitsinhalte konzentrieren sich auf das Einrichten und Überwachen Kapazitätsgewinn für andere Aufgaben bzw. Personaleinsparung	Weitere Steigerung des technischen Aufwands mit entsprechenden Kosten Ggf. Einbußen der Flexibilität der Anlage (z. B. aufwändiges Umrüsten von Aufnahmen usw.) Größere Stellfläche der Maschine Ggf. Behinderung im Bewegungsraum durch vorstehenden Tisch

Lösungsansatz C

Werkstückspannung auf Drehtisch

Vorteile	Nachteile
Kürzere Strecke zwischen Aufnahme- und Abstellpunkt	Höherer technischer Aufwand mit entsprechenden Kosten
Teilweise bessere maßliche Anpassung für alle Perzentile durch die Möglichkeit, näher an den Tisch zu gehen.	Größere Stellfläche der Maschine
Paralleles Spannen und Bearbeiten	
Verringerter Zeitdruck für den Mitarbeiter	

Lösungsansatz D

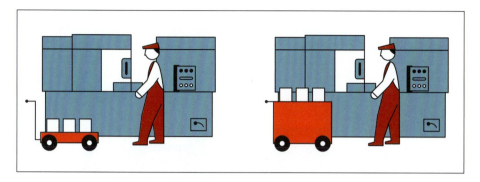

Alternative Gestaltungslösungen sind durch den Einsatz von Transportwagen möglich.

Vorteile	Nachteile
Geringere Belastung beim Schieben statt Tragen der Teile, Verringerung der Belastungsfrequenz, da der Wagen als Puffer dient.	Ggf. entsteht zusätzlicher Bedarf an Stellflächen. Variante A hat einen tieferen Schwerpunkt – vorteilhaft für den Transport, während bei B die zu überwindende Höhe geringer ist.

An den Einsatz des Transportwagens sind zusätzliche Anforderungen zusammenzustellen:

- Arretieren der Räder bei Hebe- und Trageaktivitäten
- Breite des Wagens anpassen, so dass nur zwei Reihen von Gehäusen auf dem Wagen aufgesetzt werden können.
- Ggf. Höhenverstellung
- Größe der Räder
- Griffgestaltung
- Festlegung der maximalen Zahl von Gehäusen je Wagen
- Unterweisung der Wagennutzer.

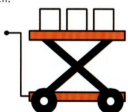

Im Ergebnis einer Gesamtbewertung einschließlich der durch die Optimierung des Arbeitsverlaufes entstehenden Rationalisierungseffekte in Bezug zur Ausgangssituation wird der Drehtisch in Kombination mit einer Teilebereitstellung auf einem höhenverstellbaren Transportwagen gewählt.

Ergonomisch und wirtschaftlich günstigste Variante ist der Drehtisch mit der Möglichkeit, die Gehäuse parallel auf- und abzuspannen. Die Gehäuse werden auf einem Scherenhubwagen zur Verfügung gestellt. Im Ergebnis entsteht minimaler Zeitverlust bei geringstmöglicher körperlicher Beanspruchung.

Sind bereits Maschinen in Betrieb, so sollten aus einem kombinierten Beobachtungsinterview mögliche Gestaltungsansätze zur ergonomischen Beurteilung abgeleitet werden. Mögliche Inhalte könnten sein:

- Entstehen Beschwerden beim Spannvorgang?
- Was fällt besonders schwer?
- Werden die Möglichkeiten zur individuellen Einstellung an der Maschine bzw. am Wagen genutzt? Wenn nein, warum?

- Entstehen Schwielen an den Händen?
- Ist das Fahrverhalten des Wagens stabil?
- Behindert oder gefährdet die Bewegung des Spanntischs die Mitarbeiter?
- Liegt einen Kosten-Nutzen-Rechnung/Nutzwertanalyse der Alternativen vor?

Weitere Entwicklungsaufgaben bestehen in der Gestaltung der Software der Steuerung, der Anbringung der Steuerung an der Maschine, eines Spanhakens, der Scheibenreinigung u. a.

Abschluss des ergonomischen Gestaltungsprozesses erfolgt mit der im Eingangskapitel beschriebenen Konformitätserklärung des Herstellers. Diese stellt ein Gütesiegel in Bezug auf die Produktsicherheit dar und garantiert die Übereinstimmung der Maschine mit den relevanten Richtlinien durch Anwendung der jeweilig harmonisierten Normen, welche gleichzeitig Auswirkung auf die Effizienz der Nutzung und des Arbeitsprozesses besitzen.

Das ausgewählte Beispiel zeigt, dass durch eine gezielte inhaltliche Konzentration die Komplexität einer ergonomischen Gestaltung in überschaubare Handlungsfelder überführt werden kann. Deren Ergebnisse lassen sich im Weiteren modular und schnittstellenbezogen zu komplexeren Wirkfeldern zusammenführen. Schritt für Schritt bleibt damit die Ergonomie im Rahmen eines Entwicklungsprozesses beherrschbar und sichert so die Effektivität des Entwicklungsprozesses wie auch der gestalteten Produkte ebenso wie die Sicherheit der zu entwerfenden Anlagen.

Übersicht ausgewählter Normen bzw. Recherchemöglichkeiten

DIN EN ISO 12100 Sicherheit von Maschinen – Allgemeine Gestaltungsleitsätze – Risikobeurteilung und Risikominderung (ISO 12100:2010); Deutsche Fassung EN ISO 12100:2010

DIN EN 614-1 Sicherheit von Maschinen – Ergonomische Gestaltungsgrundsätze – Teil 1: Begriffe und allgemeine Leitsätze; Deutsche Fassung EN 614-1:2006 + A1:2009

DIN EN 614-2 Sicherheit von Maschinen – Ergonomische Gestaltungsgrundsätze – Teil 2: Wechselwirkungen zwischen der Gestaltung von Maschinen und den Arbeitsaufgaben; Deutsche Fassung EN 614-2:2000 + A1:2008

Abbildungsverzeichnis

Abbildung 1: Inhaltliche Kapitelstruktur 2

Abbildung 2: Gegenläufigkeit von Entwicklungszielen/-trends erfordern Innovationen oder führen zu einem Kompromiss bei der Nutzung 4

Abbildung 3: Belastungs- und Beanspruchungsmodell der Arbeitswissenschaft nach DIN EN ISO 26800:2011................ 5

Abbildung 4: Struktur eines Arbeitssystems nach DIN EN ISO 26800:2011; Abschnitt 5.2 7

Abbildung 5: Auswahl der zur Leistungsoptimierung eines Arbeitssystems zu berücksichtigenden Faktoren.................. 9

Abbildung 6: Risikobeurteilung in Anlehnung an DIN EN ISO 12100:2011-03; Abschnitt 4 10

Abbildung 7: Schrittweiser Ausschluss von Gefährdungen nach DIN EN ISO 12100:2011-03; Abschnitt 4; Bild 1 11

Abbildung 8: Gegenüberstellung von prospektivem und korrektivem Gestaltungsansatz 12

Abbildung 9: Gegenüberstellung der Konstruktionsmethodik nach VDI 2221 und VDI 2222 und dem Vorgehensmodell zur ergonomischen Gestaltung nach DIN EN 614-1:2009-06 13

Abbildung 10: Arbeitswissenschaftliche Bewertungskriterien nach DIN EN 10075-1:2000-11; Anhang A 14

Abbildung 11: Bezug von europäischem Recht und Normung...... 17

Abbildung 12: Iterativer Prozess zur hinreichenden Risikominderung nach DIN EN ISO 12100:2011-03; Abschnitt 4 18

Abbildung 13: Ermittlung der Risikoprioritätenzahl (nach Neudörfer, A. 2001) 20

Abbildung 14: Risikograph 20

Abbildung 15: Grenzrisiko und Risikoverminderung 22

Abbildung 16: Schritte zur CE-Kennzeichnung 23

Abbildung 17: Darstellung der Normenstruktur am Beispiel ausgewählter Sicherheitsnormen 24

Abbildung 18: Gliederung nach CEN 414; Kapitel 6: Aufbau einer Sicherheitsnorm (C-Norm) 25

Abbildung 19: Vereinfachte Darstellung einer Werkzeugmaschine mit einer Auswahl anzuwendender Normen mit Bezug zur ergonomischen Gestaltung......................... 26

Abbildung 20: Überblick 30

Abbildung 21: Körperhöhenverteilung für die Altersgruppe 18–65 Jahre in mm (nach DIN 33402-2:2005-12) 31

Abbildung 22: Körpermaße nach DIN 33402:2005-12; Abschnitt 4 (Auszug) 32

Abbildung 23: Gegenüberstellung internationaler Körpermaße 32

Abbildung 24: Proportionale Unterschiede 33

Abbildung 25: Beispiel für Verstellbereiche in Abhängigkeit von Größe und Proportionalität 33

Abbildung 26: Blickfelder an einer Maschine 34

Abbildung 27: Sehachse 35

Abbildung 28: Abnahme der Akkommodationskraft in Dioptrien und Zunahme des maximal möglichen Nahpunktabstandes mit dem Lebensalter (Hettinger & Wobbe, 1993) 35

Abbildung 29: Einflussgrößen auf die Sehentfernung in qualitativer Form 36

Abbildung 30: Geometrische Beziehung zwischen Sehobjektgröße und Sehentfernung 38

Abbildung 31: Schematische Darstellung des zentralen und peripheren Sehens (Grandjean, 1991) 39

Abbildung 32: Optimales und maximales Blickfeld 39

Abbildung 33: Sehbereiche (Hettinger & Wobbe, 1993) 40

Abbildung 34: Übersicht 41

Abbildung 35: Greifraum und Wirkraum 42

Abbildung 36: Drei Greifräume nach Hettinger und Wobbe (1993) .. 43

Abbildung 37: Zonen der Greiffläche in Anlehnung (Lange & Windel, 2009) 44

Abbildung 38: Beispiel für die Bestimmung der oberen und unteren Betätigungsgrenzen einer Schalttafel 45

Abbildung 39: Wirkraum des Bein-Fuß-Systems im Sitzen und im Stehen (nach Kirchner und Baum (1990)) 46

Abbildung 40: Bewegungsräume (DIN 33402-3:1984) 47

Abbildung 41: Mindestmaße für den Freiraum für Sitzarbeitsplätze (DIN 33406:1988-07) 47

Abbildung 42: Sicherheitsabstände: Hinaufreichen (Norm DIN EN ISO 13857:2008-06; Abschnitt 4.2) 48

ABBILDUNGSVERZEICHNIS

Abbildung 43: Öffnungsweiten *e* und Sicherheitsabstände s_r in mm für Personen ab 14 Jahre (Norm DIN EN ISO 13857:2008-06; Abschnitt 4.2.4; Tabelle 4), Mindestabstände in Gefahrstellen 49

Abbildung 44: Werte für Mindestabstände, um das Quetschen von Körperteilen zu vermeiden (Norm DIN EN 349:2008-09; Abschnitt 4.2; Tabelle 1) 50

Abbildung 45: Sitz- und Steh-Sitzarbeitsplätze 51

Abbildung 46: Steharbeitsplätze 51

Abbildung 47: Aufgabenunabhängige und aufgabenabhängige Arbeitsplatzmaße nach DIN 33406:1988-07; Abschnitt 4 53

Abbildung 48: Beispiele maßlicher Auslegungen an einer Maschine 54

Abbildung 49: Vorgehensweise zur anthropometrischen Gestaltung von Maschinen.................................. 54

Abbildung 50: H-Punkt aus DIN 70020-1:1993-02 Straßenfahrzeug – Kraftfahrzeugbau – Begriffe von Abmessungen 55

Abbildung 51: Beispiel für Sitzindex- und H-Punkt bei einer Baumaschine...................................... 56

Abbildung 52: Standardmaße für einen Produktionsarbeitsplatz (Norm DIN 33406:1998-07; Abschnitt 4.2; Bild 5) 57

Abbildung 53: Körperumrissschablone nach BOSCH-Rexroth 57

Abbildung 54: Gelenkwinkel nach dem funktionstechnischen Mess-System in Seitenansicht, Draufsicht und Vorderansicht (Norm DIN 33408-1:2008-03; Abschnitt 5.4; Bilder 1 bis 3) 59

Abbildung 55: Auswahl verschiedener Menschmodelle (Mühlstedt, Kaußler u. Spanner-Ulmer, 2008).................... 59

Abbildung 56: Merkmale und Einsatzbereiche ausgewählter Menschmodelle (Mühlstedt, Kaußler u. Spanner-Ulmer, 2008) 60

Abbildung 57: Beurteilung einer Ultraschall-Schweißmaschine mit HUMAN-Builder 61

Abbildung 58: Klassifikation von Arbeitsumweltfaktoren 66

Abbildung 59: Vorgehensmodell zur Vermeidung von Umweltbelastungen durch Maschinen und technische Geräte 67

Abbildung 60: Zusammenfassung der Maßnahmenreihenfolge zur Vermeidung bzw. Reduktion von Arbeitsumweltbelastungen.... 68

Abbildung 61: Auswahl schalltechnischer Grundgrößen 70

Abbildung 62: Frequenzabhängige Korrektur des menschlichen Hörvermögens nach DIN 456301:1971-12..................... 71

Abbildung 63: Auslösewerte und Expositionsgrenzwerte für Schall . 74
Abbildung 64: Übersicht möglicher Schädigungen durch Lärm 74
Abbildung 65: Auslösewerte und Expansionsgrenzwerte für
mechanische Schwingungen 76
Abbildung 66: Physiologische Koordinatensysteme
für Schwingungen (nach VDI-Richtlinie Reihe 2057). 76
Abbildung 67: Prinzipien von Schallausbreitung und
-schutzmaßnahmen (Quelle BAuA/BGIA) 78
Abbildung 68: Technisches Lösungsbeispiel
zum Schwingungsschutz 79
Abbildung 69: Änderung der Fehlerquote bei zunehmender
Beleuchtungsstärke 82
Abbildung 70: Auswahl lichttechnischer Grundgrößen 82
Abbildung 71: Erforderliche Beleuchtungsstärken
(nach DIN EN 12464-1:2003-03; Abschnitt 5.3). 84
Abbildung 72: Lichtbedarf unterschiedlicher Altersgruppen
bei gleicher Leistung 84
Abbildung 73: Direkt- und Reflexblendung 85
Abbildung 74: Beispiele zur gezielten Farbgestaltung 88
Abbildung 75: Klassifizierung von Strahlungsarten
und Grenzwerte 90
Abbildung 76: Auswahl von Maßnahmen zum Strahlenschutz 91
Abbildung 77: Wärmeregulation des menschlichen Körpers 93
Abbildung 78: Bestimmung der relativen Luftfeuchte
nach DIN 33403-1:1984-04; Abschnitt 3.2 94
Abbildung 79: Bestimmung der Normaleffektivtemperatur
NET nach Yaglou in DIN 33403-3:2001-07; Abschnitt 4.2. 95
Abbildung 80: Verteilung bei der Beurteilung des Raumklimas 96
Abbildung 81: Übersicht möglicher negativer Auswirkungen
von Klimafaktoren 97
Abbildung 82: Schwellenwerte der Oberflächentemperatur
für verschiedene Wirkungen ausgewählter Materialien
(DIN EN ISO 13732-3:2008-12; Abschnitt 5) 98
Abbildung 83: Verbrennungsschwellen T_o (°C) bei Berührung
heißer Oberflächen verschiedener Materialien
(nach DIN EN ISO 13732-1:2008-12; Abschnitt 4.2.3) 98
Abbildung 84: EU-GHS-Kennzeichnung nach EG-Verordnung
1272/2008 101

ABBILDUNGSVERZEICHNIS

Abbildung 85: Klassifizierung von Gefahrstoffen 102

Abbildung 86: Schematische Darstellung einer Maschine
nach DIN EN ISO 12100:2011-03; Anhang A 108

Abbildung 87: Übersicht.................................. 109

Abbildung 88: Übersicht.................................. 109

Abbildung 89: Kopplungsart Reibschluss 110

Abbildung 90: Grundformen bei Reibschluss 111

Abbildung 91: Kopplungsart Formschluss..................... 112

Abbildung 92: Grundformen bei Formschluss.................. 113

Abbildung 93: Anordnung von Stellteilen 113

Abbildung 94: Kompatibilität = Sinnfälligkeit................. 116

Abbildung 95: Kompatibilität der Anordnung nach:
CHAPANIS, A., & LINDENBAUM, I. E. (1959): A reaction time study
of four control-display linkages. Human Factors, 1, 1 – 14 117

Abbildung 96: Kompatibilität der Bewegungsrichtung
nach Grandjean, E. (1991)................................. 118

Abbildung 97: Kompatibilität der Betätigungsrichtung 118

Abbildung 98: Vorgehensweise zur Gestaltung und Auswahl
von Stellteilen... 118

Abbildung 99: Übersicht................................... 119

Abbildung 100: Unmittelbare und mittelbare
Informationsübertragung.................................. 119

Abbildung 101: Sinneskanäle und Arten von Anzeigen 120

Abbildung 102: Gesichtspunkte für optische
und akustische Anzeigen.................................. 121

Abbildung 103: Farbkonventionen.......................... 123

Abbildung 104: Beispiel für die Anwendung
von Kompatibilitätsprinzipien für Anzeigen
nach DIN EN 894-2:2009-02; Abschnitt 4.2.3 124

Abbildung 105: Übersicht................................. 124

Abbildung 106: Anwendungsfälle für Analog- und Digitalanzeigen 126

Abbildung 105: Übersicht................................. 126

Abbildung 107: Integrative Anzeige......................... 127

Abbildung 108: Ausführungsformen von Analoganzeigen
nach Schmidtke, 1993 127

Abbildung 109: Beispiele für Skaleneinteilung und Beschriftung
(Norm DIN EN 894-2:2009-02; Abschnitt 4.2.4, Bilder 5a und 5b). .127

Abbildung 110: Anwendungsbeispiele für den Einsatz des Touchscreens als Bedienoberflächen für Personalcomputer und Mobiltelefone 128

Abbildung 111: Brennpunkte für rotes und blaues Licht 129

Abbildung 112: Über- und Unterforderung bei psychischen Belastungen bzw. Anforderungen 130

Abbildung 113: Ausprägungen psychischer Fehlbeanspruchung .. 130

Abbildung 114: Beispiel für einen Bereich hoher Gestaltungsanforderungen – Leitstand eines Energieversorgers 132

Abbildung 115: Beispiel – Bedienfeld einer Heizungssteuerung .. 136

Abbildung 116: Übersicht................................. 139

Abbildung 117: Beispiel des Zusammenwirkens von Aktionskraft mit Muskel- und Massenkräften (Norm DIN 33411-1:1992-09; Abschnitt 4, Bild 1)... 139

Abbildung 118: Mittelwerte für maximale statische Aktionskräfte junger Männer (20–25 Jahre) in Form von Isodynen nach DIN 33411-4:1987-05; Abschnitt 3, Ablesebeispiel 140

Abbildung 119: Belastungsarten des Muskels nach Grandjean (1991) 143

Abbildung 120: Aktiver Eingriff zulässig Körperschutz........... 143

Abbildung 121: Darstellung im montagespezifischen Kraftatlas (beispielhaft) aus BGIA (2009) 145

Abbildung 122: Prozess zur benutzerorientierten Gestaltung von Usability nach DIN EN ISO 9241-210:2011-01 (ehemals DIN EN 13407:1999) 149

Abbildung 123: Verständnis einer emotional erweiterten Usability im Begriff User-Experience........................ 151

Abbildung 124: Übersicht aufeinander aufbauender ergonomischer Gestaltungsebenen 153

Abbildung 125: Prozess der Risikominimierung aus Sicht des Konstrukteurs nach DIN EN ISO 12100:2011-03; Abschnitt 5 154

Abbildung 126: Definition der Systemgrenzen eines Arbeitssystems...................................... 155

13. Auflage des Klassikers:
DIN-Taschenbuch 3 „Maschinenbau"

48 DIN-(EN)-(ISO)-Normen und Norm-Entwürfe
verteilen sich auf die Kapitel:

// Mechanische Verbindungselemente,
// Wälzlager, Gleitlager,
// Welle-Nabe-Verbindungen, Sicherungsringe
   und -scheiben, Dichtringe, Kupplungen,
// Federn,
// Keilriemen und -scheiben, Kettentriebe,
// Eisen-Werkstoffe und Halbzeug.

DIN-Taschenbuch 3
Maschinenbau
Normen für die Anwendung in der Praxis
13., aktualisierte Auflage 2008.
640 S. A5. Broschiert.
148,80 EUR | ISBN 978-3-410-16873-7

Bestellen Sie unter:

Telefon +49 30 2601-2260   Telefax +49 30 2601-1260

info@beuth.de   www.beuth.de/maschinenbau

Berlin · Wien · Zürich

Ergonomisch und normgerecht konstruieren

Jetzt diesen Titel zusätzlich als E-Book downloaden und 80 % sparen!

Als Käufer dieses Buchtitels haben Sie Anspruch auf ein besonderes Kombi-Angebot: Sie können den Titel zusätzlich zum Ihnen vorliegenden gedruckten Exemplar für nur 20 % des Normalpreises als E-Book beziehen.

Der BESONDERE VORTEIL: Im E-Book recherchieren Sie in Sekundenschnelle die gewünschten Themen und Textpassagen. Denn die E-Book-Variante ist mit einer komfortablen Volltextsuche ausgestattet!

Deshalb: Zögern Sie nicht. Laden Sie sich am Besten gleich Ihre persönliche E-Book-Ausgabe dieses Titels herunter.

In 3 einfachen Schritten zum E-Book:

❶ Rufen Sie die Website **www.beuth.de/e-book** auf.

❷ Geben Sie hier Ihren persönlichen, nur einmal verwendbaren E-Book-Code ein:

20799406B4D5486

❸ Klicken Sie das „Download-Feld" an und gehen dann weiter zum Warenkorb. Führen Sie den normalen Bestellprozess aus.

Hinweis: Der E-Book-Code wurde individuell für Sie als Erwerber dieses Buches erzeugt und darf nicht an Dritte weitergegeben werden. Mit Zurückziehung dieses Buches wird auch der damit verbundene E-Book-Code für den Download ungültig.